贵州省科普丛书
贵州省科协科普作品专项经费资助

U0796456

自然灾害的预防与自救丛书

海　啸

丛书编委会◎主编

贵州出版集团
贵州科技出版社

图书在版编目（CIP）数据

海啸/《自然灾害的预防与自救丛书》编委会主编.
—贵阳:贵州科技出版社, 2015.8（2020.6重印）
（自然灾害的预防与自救丛书）
ISBN 978-7-5532-0410-9

Ⅰ.①海… Ⅱ.①自… Ⅲ.①海啸—灾害防治②海啸
—自救互救 Ⅳ.①P731.25

中国版本图书馆CIP数据核字（2015）第190580号

出版发行	贵州出版集团　贵州科技出版社
地　　址	贵阳市中天会展城会展东路A座（邮政编码：550081）
网　　址	http://www.gzstph.com　http://www.gzkj.com.cn
出 版 人	熊兴平
经　　销	全国各地新华书店
印　　刷	旭辉印务（天津）有限公司
版　　次	2015年8月第1版
印　　次	2020年6月第2次
字　　数	128千字
印　　张	4
开　　本	889mm × 1194mm 1/32
书　　号	ISBN 978-7-5532-0410-9
定　　价	20.00元

天猫旗舰店：http://gzkjcbs.tmall.com

贵州省科普丛书
工作委员会

《自然灾害的预防与自救丛书》
编写委员会

主　　编：裴　华

编　　委：（按姓氏笔画为序）

王伟伟　王郁松　吕秀芳　向　蓉
刘　杨　刘　祥　刘士勋　孙　玉
苏晓廷　李　惠　李　翔　李兴华
李建军　李俊勇　李美桥　杨冬华
吴　晋　邹　江　张　兵　陈严伟
陈　艳　赵白宇　赵卓君　赵梅红
胥磊落　徐　娜　徐莎莎　高　稳
黄朝晖　商　宁　董　萍　蒋思琪
裴　华　鞠玲霞

美术设计：悦读无限

图文制作：李建军

前言
FOREWORD

相信，每一个人都听过有关自然灾害的报道、故事，有的到现在还记忆犹新、历历在目，有的不仅影响了我们的生活态度，甚至影响了我们解决问题的思路。我们走在一条具有太多未知的人生路上，有时候，大自然所带来的突发性灾难往往让我们措手不及。难道，面对汹涌而至的灾难，我们就只能像待宰的羔羊一样，于惊恐中“听天由命”么？答案当然是否定的。

自古以来，面对自然灾害，无论是智慧的先祖，还是善用科学技术的现代人类，都有着一套属于自己的、丰富宝贵的防灾经验。从千古传诵的大禹治水的故事到今天宏伟的三峡工程，从被动地逃离雪崩区域到大炮轰击法治理雪崩，不仅展现了人类防范自然灾害的不断进步，也说明了人类对防灾、减灾、抗灾的重视。如果没有一套成熟的防灾理论与经验，如果没有把这些经验知识很好地普及，那么当灾难来临的时候，很可能就是一座城的轰然崩塌和无数生灵的凄然毁灭，这都是我们无法承受的悲伤。但如果这些防灾与避险的相关知识能够得到很好地普及，那么可以肯定地说，悲剧一定会减少，人们不再消极，恐慌，而是多一些从容、多一些冷静，运用这些知识保护自己，拯救他人。

美国诗人洛威尔说得好，“灾难就像刀子，握住刀柄就可以为我们服务，拿住刀刃就可以割破手。”面对灾难，大多时候人都会在恐慌中分不清刀柄和刀刃，在盲目中仅凭直觉去应对，于恐惧中去挥舞，最后却伤到了自己，这是我们每一个人都不愿意看到的事情。所以，在这里，我们把正确“握刀柄”的方法告诉大家，向大家普及有关风灾、火灾、雪灾、洪涝、海啸、地震、泥石流、滑坡和崩塌等自然灾害的科学知识和预防与自救的方法，联系近年来发生的自然灾害的实例，解析最新的预防与自救的方法，希望大家在面对突如其来的自然灾害时能够从容应对。

我们漫步在广袤无垠的自然世界，我们享受着她恩赐的甘泽雨露，却又不得不面对她偶尔的暴脾气；我们希望她永远绽放笑脸，却又常常不能幸免于难。我们无法改变和拯救世界，但至少要学会保护和拯救自己。例如，在面对风灾、火灾、雪灾、洪涝、海啸、地震、泥石流、滑坡和崩塌等自然灾害时，常常可以利用它们本身的特性追根溯源，找到预防、解决或应对的方法。书中运用图片加文字解析的形式，通过简单通俗的语言向大家介绍多种常见自然灾害的概述、预防办法以及实用的自救措施，告诉人们虽然自然灾害来势凶猛、可怕，但是只要充分认识自然界，认识各种自然灾害，了解它们的特点、成因及主要危害，学习一些灾害应急预防措施与自救常识，我们就可以从容地面对灾害，并在灾害来临时成功逃生和避难。

本丛书精选了风灾、火灾、雪灾、洪涝、海啸、地震、泥石流、滑坡和崩塌八大方面的内容组成八本相互关联而又独立成册的系列丛书，每一本书中都有丰富有趣的手绘插图以及简明易懂的说明文字，用活泼的方式讲述有关自然灾害的发生规律，用通俗的语言，叙述有关自然灾害的科普知识，给大家以启发，给大家以方法，给大家以收获。

从书编委会

2015年7月

FOREWORD

CONTENTS
目录

第一章
认识海啸

第二章
海啸的预防

第三章
海啸自救和互救

第一章
认识海啸

一、海啸概述

地球是一颗被水覆盖的星球，水面占地球总面积的71%，富饶的海洋是生命起源的摇篮，也是人类生存环境的重要组成部分。正是有了海洋，才有了蓝色的地球，才有了人类绿色的家园和生存的环境。

自古以来，湛蓝色的海洋为人类储备和提供了丰富的资源，被誉为“蓝色的宝库”。海洋矿产资源、海洋生物资源以及海上航运交通都会对人类的生存发展以及世界文明的进步产生重大的影响。

一直以来，人类对海洋的开发利用非常投入，随着科学技术的不断发展以及陆地资源的不断匮乏，开发利用海洋资

海洋

蓝色的地球

源正逐渐成为今后世界新的热点。近年来，人类对海洋的认识程度快速提高，开发利用海洋资源取得的成就也是以往任何时期都无法比拟的。海洋丰富的资源以及巨大的经济效益引起了人类越来越多的关注。实践证明，海洋是人类生活和生产不可缺少的领域，是人类社会持续发展的希望。

人类对海洋的开发利用

任何事物都存在对立的一面，海洋也一样。在给人类带来好处的同时，海洋也给人类带来了巨大的灾难。

冰层融化引发海啸

海洋的狂风巨浪，转眼间就会摧毁城镇和村庄，吞噬无数生灵；台风、地震引起的海啸掀起的海上大浪摧毁坚固的海上工程和过往的无数船只，淹没万顷良田，让人们无家可归；海洋环境的改变，导致海水质量下降，海洋资源衰退，海洋生物减少甚至灭绝；海洋污染影响海洋生物的多样性，大量的污染物进入海洋，造成了海洋贝类、蟹类等海洋生物的死亡；赤潮产生的贝毒危及人类健康。

人们永远忘不了2004年12月26日的这一天，印度洋大海啸给东南亚诸国造成了巨大的经济损失和人员伤亡，遇难及失踪人员超过29万人，财产损失不计其数。这次海啸虽然不是历史上规模最大的海啸，但它是有史以来有记录的地震海

海啸

啸所造成的最惨重的损失。

印度洋海啸之所以造成如此严重的后果，是由多方面原因造成的。其中一个重要原因就是没有预警设施及缺少信息传输。另外一个重要原因是人们对海啸缺乏防范意识。那应该如何提高民众的防范意识呢？

海啸

把海啸的基本知识告诉民众，让民众了解海啸产生的原因、特征及传播过程。告诉民众海啸来临前的防御方法及海啸发生时的自救方法。这样，即使灾难发生，也可把损失降到最低。

1.什么是海啸

海啸的英文词是“tsunami”，来自日文；“tsu”的汉字是“津”，表示港湾；“nami”的汉字是“波”，表示波浪，合起来，整个词的意思就是港湾中的波。

海啸是一种具有强大破坏力的、灾难性的海浪。通常情况下，是由震源在海底50千米以内、里氏震级6.5以上的海底地震引起的。火山爆发、水下或者沿岸山崩也可能会引起海啸。另外，还有人工海啸，它是在海底进行核爆炸引起的，并且逐渐发展成为研究海啸的一种有效手段。

海啸会产生具有巨大破坏力的海浪

火山爆发

在一次震动过后，震荡波就像卵石掉进浅池里产生的波纹一样，在海面上以不断扩大的圆圈传播到很远的地方。海啸波长比海洋的最大深度都大，轨道运动在海底附近也不会受到很大的阻滞，无论海洋深度如何，波一样可以传播过去。

海啸在外海时，由于水比较深，波浪起伏不大，很难引起人们的注意。但是当它到达岸边的浅水区时，巨大的能量使波浪骤然升高，形成“水墙”。“水墙”能量极大，高达十几米甚至数十米，冲上陆地后所向披靡，越过田野，迅猛袭击岸边的村庄和城市，人们瞬间消失在巨浪中。被震塌的建筑物、港口所有设施，在狂涛的洗劫下被席卷一空。巨浪过后，海滩上一片狼藉，惨不忍睹，到处是人畜尸体和残木破板。海啸给人类带来的灾难是非常巨大的。目前，对海啸、地震、火山等突如其来的灾变，人类只能通过观察、预测来预防或减少它们所造成的损失，但不能控制它们的发生。

2.海啸与风产生的波浪的不同之处

海啸与风产生的潮或浪是不同的，到底有哪些差异，我们来具体看一下。微风吹过海洋，泛起的波浪相对较短，相应产生的水流仅限于浅层水体。在辽阔的海洋，飓风能卷起高度为30米以上的海浪，但不能撼动深处的水。而潮汐每天席卷全球海域两次，虽然它产生的海流跟海啸一样能深入海

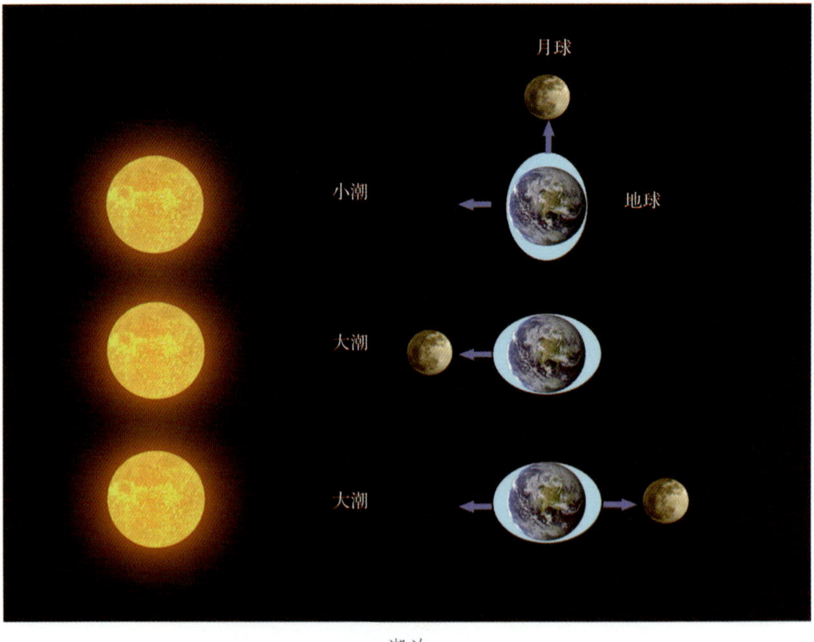

潮汐

洋底部，但是潮汐是由太阳或月亮的引力引起的，具有规律性，危害比较小。海啸波浪在深海的传播速度非常快，能够超过700千米/小时，其速度可轻松与波音747飞机保持同步。

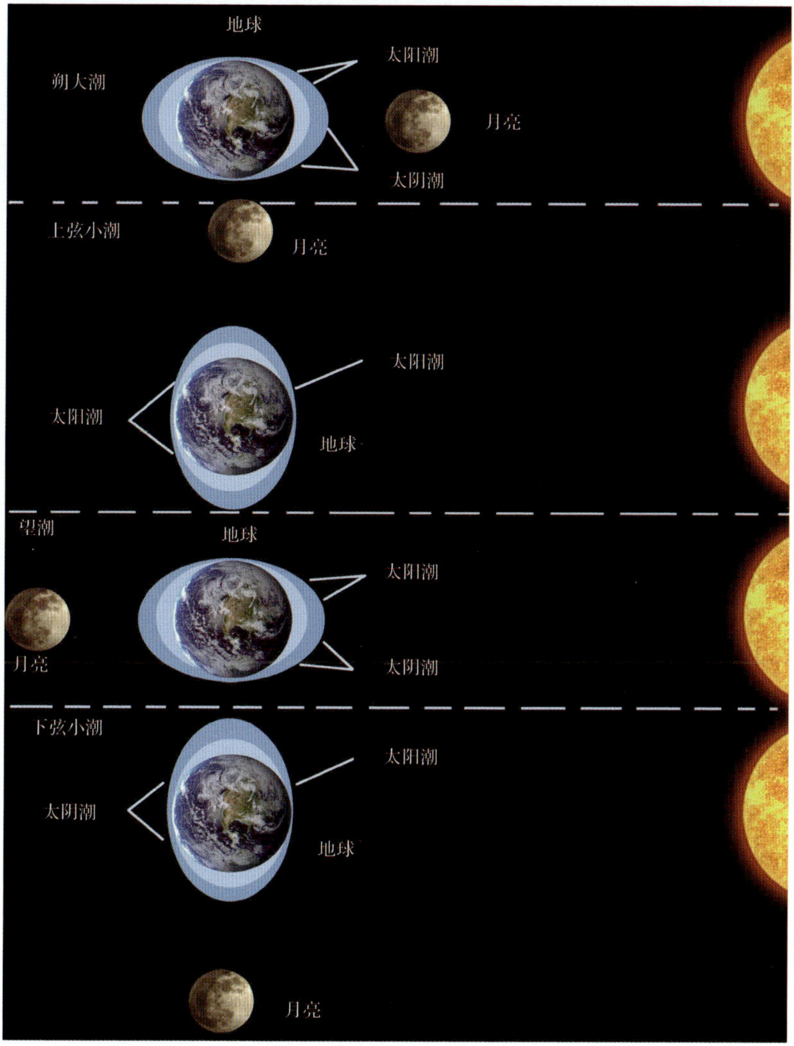

海水潮汐

但在深水中海啸并不危险，因为在开阔的海洋中，低于几米的一次单个波浪其长度可超过750千米，这种作用产生的海表倾斜如此之细微，以致这种波浪通常在深水中不经意间就过去了。通常情况下，海啸都是静悄悄地、不知不觉地通过海洋的，但是如果在浅水中，它就会产生灾难性的巨浪。

我们已经了解了海啸的发生以及在什么条件下会造成灾害，下面我们来看海啸发生的形式有哪些。

海啸发生的形式有两种：

岛屿、滨海或海湾的海水反常退潮或河流没水，而后海水突然席卷而来、冲向陆地；

海水陡涨，突然形成几十米高的水墙，伴随“隆隆”的巨响涌向滨海陆地，而后海水又骤然退去。

3.海啸的组成

海啸是一种系列波浪，一般情况下，波长为几十至几百千米，周期为2～200分钟，常见者大多数为2～40分钟。在海啸开始形成时，它的波高并不大，仅在1～2米。在其传播过程中会一直保持这一高度，但是在快到达海湾或者岸边的浅水区时，波高会突然增加数倍或者数十倍，携带巨大的能量和强烈的破坏力，形成一种破坏性极强的巨浪。

历史上，最大的海啸的波幅高达51.8米，于1964年在美国阿拉斯加的瓦耳迪兹港发生。海洋激浪与海啸相似，但高度更大：1958年7月9日，阿拉斯加的利鲁雅湾因地震引起的岸边滑坡冲入海底，造成的激浪高达525米，有两艘小艇被激浪抛到海岸附近一座海拔500米的山顶上。

下面来介绍和海啸有关的名词。

波长：相邻两个波顶峰或波谷底之间的距离。

波高：波浪的顶峰与谷底的垂直距离。

周期：波浪传播过程中相邻两个波谷底或波顶峰通过某一垂直断面的时间差。

海啸形成的波浪特点：在大海中传播时，波高常常在1～2米之内。但它的周期和波长却很长，波长短的为几十千米，最长的可达五六百千米，周期可达几十分钟，因而在大海中不容易被人察觉。

总之，海啸波是以波长长、传播速度快、在浅水水域形成巨浪为特征的波浪。

4.海啸发生的影响因素

引起海啸的原因包括地震、火山爆发、海底（或岸坡）塌陷或滑坡、气象因素、核爆炸、天体坠落等。

（1）地震

地震海啸是指由地震引发的海啸。如果地震发生在海底，震波的动力会引起海水剧烈的起伏，形成强大的波浪，淹没沿海地带。

地震波的传播速度比海啸的传播速度快，是海啸预警的物理基础。震动方向与传播方向一致的波称为地震纵波（P波），地震纵波的传播速度很快，每秒钟传播5～6千米，海

地震

啸的传播速度比地震纵波慢20～30倍，因此在远处，地震波要比海啸波早到数十分钟，有的甚至早到数十小时，具体数值取决于震中距以及地震波与海啸的传播速度。举个例子，当震中距为1000千米时，地震波会在2.5分钟左右到达，而海啸要在1个小时左右才能到达。1960年，智利发生特大地震，地震激发的特大海啸22个小时后才到达日本海岸。

世界上绝大多数海啸，都是由地震引发的。地震引起海底隆起和下陷导致海啸发生。海底突然变形，使从海底到海面的海水整体发生大涌动，从而引起海啸袭击沿岸地区。

受低气压和台风的影响，海面会掀起高达几米的巨浪，但浪幅有限，由数米到数百米，因此冲击岸边的海水量也有限。而海啸就不一样了，海啸在遥远的海面虽然只有数厘米至数米高，但是，由于海面隆起的范围比较大，海啸的宽幅有时可达数百千米，巨大的“水块”会产生极大的破坏力，严重威胁岸上的建筑物，甚至吞噬岸上的生命。调查结果表明，如果海啸高度在2米左右，木制房屋会在瞬间遭到破坏；如果海啸高度达到20米以上，水泥钢筋建筑物也招架不住。

海啸的一个重要特征就是速度非常快，地震发生的地方海水越深，海啸的速度就越快。这是因为，海水越深，因海底变动涌动的水量就越多，因而形成海啸之后，在海面上移动的速度就越快。举个例子，如果发生地震的地方，水深为

海啸

5000米，海啸的速度每小时可达800千米。当移动到水深为10米的地方时，海啸的速度降为每小时40千米。由于前面的波浪减速，后面的波浪推过来发生重叠，因此，到岸边时，海啸的波浪升高。如果沿岸海底地形呈“V”字形，那么海啸掀起的海浪会更高。

海啸在遥远的海面移动时，人们很难察觉到，当它以迅猛的速度接近陆地，到达岸边时，会突然形成巨大的水墙。这时候即使发现了它，但是要想逃跑已经太晚了。因此，一旦有地震发生，要马上离开海岸，到高处安全的地方去。

2004年，印度尼西亚苏门答腊岛西北部的西南方印度洋深海发生了历史上有地震记录以来的第二大地震海啸。这次强烈地震，在几秒的时间里，海底突然出现了一个千千米长、百千米宽、十几米深的大裂缝。海水剧烈震荡，产生的能量相当于100万颗1945年投在日本广岛的原子弹的能量！

（2）火山爆发

火山爆发有时也会引起海啸，特别是海底火山。众所周知，火山爆发是热熔岩穿过地壳，上升到地球表面的运动。我们之所以用“爆发”，是因为它非常骇人。看一下相关记载，你就知道它有多厉害了。公元前15世纪，桑托林火山发生猛烈喷发，并且引发了海啸，巨浪高达90米，整个岛屿几乎被抛向空中，然后坠入海底。巨大的海啸摧毁了锡拉岛上的米若阿文化。

火山爆发

（3）海底（或海岸）塌陷或滑坡

人们总是对浩瀚的海洋充满疑问，海洋里到底是什么样子的呢？其实海洋底下和陆地差不多，有山脉、高原。它们中有大块体积处于斜坡处，如果受到海底气体喷发而发生塌陷、滑坡，也会引发海啸。

近年来发现，海洋中的火山岛由火山熔岩堆积而成，稳定性比较差，容易塌陷。例如，西太平洋的马克萨斯群岛、印度洋中的留尼汪岛、北大西洋的埃尔塞罗—德尔耶罗群岛、南大西洋的特里斯坦—达库尼亚群岛等。

（4）核爆炸

地下海洋核爆炸，也会引起海啸。1954年，美国在比基尼岛进行核试验，激起60米的巨浪，引发海啸。

核爆炸

（5）气象因素

风暴潮也称为“风暴海啸”或者“气象海啸”，它是在强烈大气扰动下引起的海平面异常增高现象。在我国历史

气象因素

上，常常记载“海侵、海溢”等，20世纪80年代，我国开始把风暴引起的海面异常命名为“风暴潮”。

风暴潮的气象因素

（6）天体坠落

如果陨石、彗星掉入海洋中，冲击能量也会激起海啸。当然，这种可能性非常小。据估算，5000年左右会发生1次。如果在陨石直径1000米，海洋水深5000米的情况下，陨石落入海洋会引起波高100多米的海啸。

二、海啸与风暴潮

谈自然灾害就不能不提风暴潮，风暴潮也是一种严重的自然灾害。在加勒比地区、北美地区和东太平洋地区，人们称它为“飓风”。在太平洋地区被称为“台风”，在印度被称为“旋风”。

风暴潮

风暴潮

产生于赤道附近的风暴潮具有巨大的能量。风暴潮在海面上运动时，伴随着暴雨、狂风以及巨浪，冲到陆地后，仍然保持着暴雨和狂风。把海面波浪、风暴潮与海啸对比一下，才能深切体会到海啸的传播速度有多快。

海啸的传播速度非常快，每小时可达700～900千米。而水面波的速度比较慢，风暴潮比水面波快一些，但最快也只有每小时300千米，比海啸要慢得多。海啸的波长极长，海啸波一旦从深海到达岸边，前进会受到阻碍，全部的能量，就会变成巨大的破坏力量，可以摧毁一切能够摧毁的东西，从而造成巨大的灾难。

为了加深对海啸特点的认识，我们除了要知道什么是海啸外，还要知道什么不是海啸。

在海水中有多种波存在，流体力学中说：波动是指海水质点的振动在海水中的传播过程。质点振动要能维持，必须存在恢复力。

根据不同的恢复力，可以把海水中的波动分为以下四种。

重力波：无论质点以哪种方式离开平衡位置，重力总为恢复力。

潮汐波：由太阳、月亮的引力产生的波。

涟波：由流体表面张力引起的微小的波，又称“毛细波”。

声波：由流体本身的可压缩性引起的波。

流体力学中的波动和自然灾害中的波动，都与海啸不相同。海啸有自己独特的一面。虽然风暴潮和海啸都会造成海水的剧烈运动，但是两者却有很大的不同。不同的性质，决定了它们认识和减轻灾害的方法也不一样。

1.海啸和风暴潮的不同

（1）成因不同

风暴潮是由海面大气运动引起的，主要是海水表面的运动。而海啸是由海底升降运动造成的，是海水整体的运动。

（2）波长不同

海啸的波长长达几百千米，而风暴潮的波长在1000米以下。和海水的平均深度相比，海啸波长要大很多，对于波长几百千米的海啸来说，水深高达数千米的海洋犹如一池浅水，因此海啸波是一种“浅水波”。而风暴潮波长比海水的深度小很多，因此是一种“深水波”。

（3）传播速度不同

海啸的传播速度每小时可达700～900千米，非常快，可以与越洋波音747飞机保持同步。而水面波传播速度比较慢，风暴潮要快一点，但是最快的速度也只有200千米/小时，比海啸要慢得多。

海啸的传播速度非常快

（4）激发的难易程度不同

风暴潮或海浪很容易被风或风暴所激发，而多数海啸是由海底地震引发的。只有在非常特殊的情况下，极少的大地震才能激发起灾害性的大海啸。如果有风和风暴，一定会有风暴潮；而有大地震发生，未必会产生海啸。10个大地震中只有1～2个会发生海啸。尽管对极少数能够产生海啸的地震有了不少解释，但至今，仍然还有一些需不断研究的问题。

2.风暴潮概述

风暴潮是指由强烈的大气扰动，如温带气旋、气压骤变、寒潮过境、热带风暴等引起的潮位大幅超过平常潮位，海面异常升高或降低的现象。在前面也提到过，风暴潮也常被称为“风暴海啸”或“气象海啸”，在我国历史文献中又多称为“海侵”“海溢”“海啸”及“大海潮”等。

引发风暴潮的温带气旋

水位异常增高是因为近海海区受到风暴潮的影响，其现象被称为风暴增水和减水。当沿岸及河口区水位剧增时，是因为受暴风从海洋吹向河口的影响；反之，沿岸及河口区水位降低时，是因暴风从陆地吹向海洋的影响，台风风暴潮，是较为常见的风暴潮。凡是有台风出现的地区，都会发生台风风暴潮。这种形式的风暴潮多发于夏秋季节，其特点是来势猛、强度大、速度快、破坏力强。

风暴潮的空间范围能由几十平方千米至上千平方千米，时间尺度或周期为1～100小时。一次风暴潮的影响时间可持

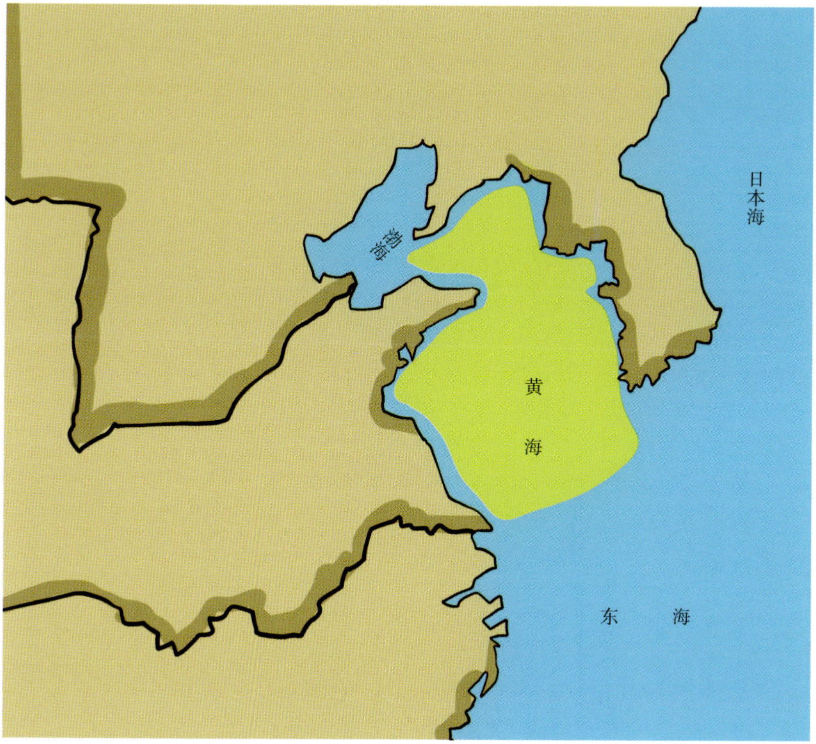

渤海和黄海的风暴潮区域

界上第一架地动仪，并且在公元138年成功预测了陇西的一次地震。

20世纪60年代，板块构造学说开始发展，并把地球上地震的地理分布和全球板块构造联系起来。板块与地震两种机

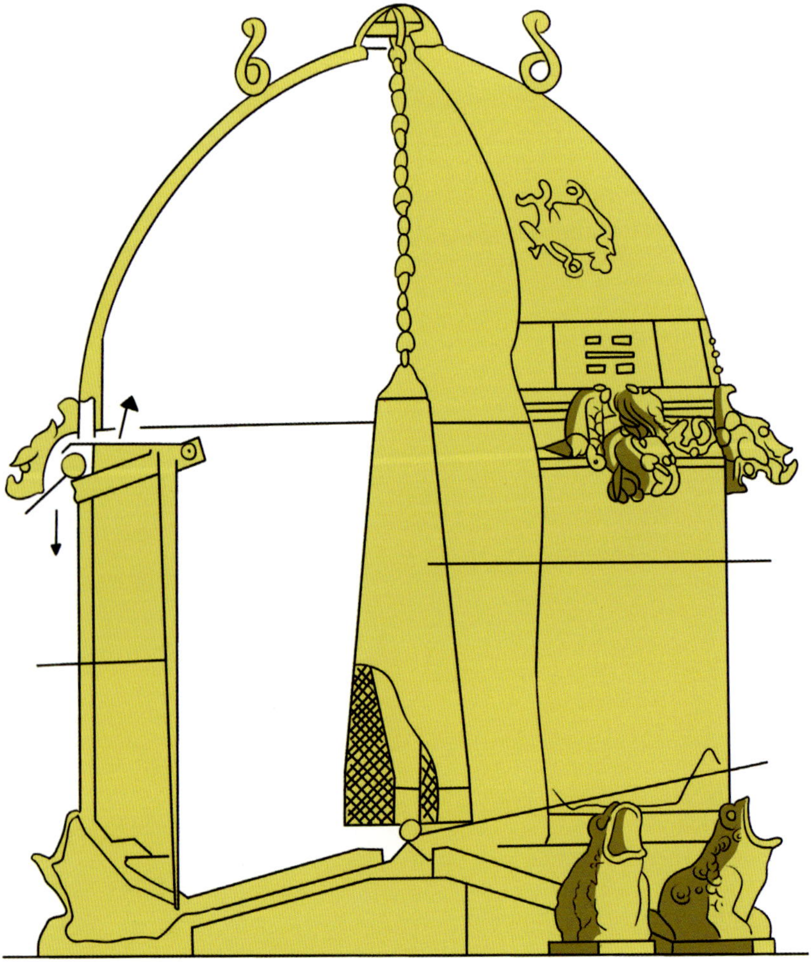

张衡制造的候风地动仪

制结合起来研究，加快了人们对地震成因的认识，推动了地震预测的发展。

（2）地震的几个关键词

震源：地震波发源的地方。震源在理论上抽象地表现为一个点，它实际是一片区域。

震源深度：震源到地面的垂直距离。震源深度小于60千米的地震，称为浅源地震（正常深度地震），世界上大多数地震都是浅源地震，我国绝大多数地震也为浅源地震。震源深度为60～300千米的地震称为中源地震。震源深度大于300千米的地震称为深源地震。目前世界上记录到的最深的地震，震源深度为700多千米。同样大小的地震，震源越浅，所造成的破坏越严重。

震中：震源在地面上的垂直投影。

（3）地震震级划分

地震有强有弱，用什么来衡量地震的大小呢？科学家对衡量地震有自己的一把“尺子”。衡量地震大小的“尺子”叫做震级。震级与震源释放出来的弹性波能量有关，它可以通过地震仪器的记录计算出来，地震越强，震级越大。

我们用地震仪测定的、每次地震活动释放的能量多少来确定震级。我国目前是以国际上通用的里氏分级表作为震级标准，里氏分级表共分9个等级。在实际测量的过程中，震级是根据地震仪对地震波的记录计算出来的。

这与一颗炸弹爆炸后，近处与远处破坏程度不同的道理是一样的，炸弹的炸药量，好比是震级；炸弹对不同地点的破坏程度，好比是烈度。一次地震可以划分出好几个烈度不同的地区。

我国把烈度划分为12度，不同烈度的地震，其影响和破坏也不一样。下面我们来看看不同烈度的大致表现：

烈度小于Ⅲ度人们感觉不到，只有仪器才能记录到；Ⅲ度如果发生在白天喧闹时也感觉不到，如果是夜深人静时人能感觉到；Ⅳ～Ⅴ度时吊灯会摇晃，睡着的人会被惊醒；Ⅵ度时器皿会倾倒，房屋会受到轻微损坏；Ⅶ～Ⅷ度时地面出现裂缝，房屋会受到破坏；Ⅸ～Ⅹ度时房屋会倒塌，地面会受到严重破坏；Ⅺ～Ⅻ度属于毁灭性的破坏。

（5）地震分类

地震一般可分为人工地震和天然地震两大类。由人类活动如开山、开矿、爆破等引起的地表晃动称人工地震，其余便统称为天然地震。天然地震按成因主要分为以下几种类型。

构造地震：是由地壳运动引起地壳构造的突然变化，地壳岩层错动破裂而发生的地壳震动，也就是人们通常所说的地震。地球不停地运动，不停地变化，从而使内部产生巨大的力，这种作用在地壳单位面积上的力，称为地应力。在地应力长期缓慢的作用下，地壳的岩层发生弯曲变形，当地应力超过岩石本身所能承受的强度时便会使岩层错动断裂，其巨

开矿

大的能量突然释放，以波的形式传到地面，从而引起地震。世界上90％以上的地震属于构造地震。强烈的构造地震破坏力非常大，是人类预防地震灾害的主要对象。

火山地震：是指由于火山活动时岩浆喷发冲击或热力作用而引起的地震。火山地震一般较小，造成的破坏也极少，而且发生的次数很少，只占地震总数的7％左右。目前世界上大约有500座活火山，每年平均约有50座火山喷发。我国的火山多数分布在东北的黑龙江、吉林和西南的云南等省。黑龙江省的五大连池、吉林省的长白山、云南省的腾冲及海南岛等地的火山在近代都喷发过。

火山和地震都是地壳运动的产物，它们之间有一定的联系。火山爆发有时会激发地震的发生，地震若发生在火山地区，也常常会引起火山爆发。

印度尼西亚开始，经中南半岛西部和我国的云南、贵州、四川、青海、西藏，以及印度、巴基斯坦、尼泊尔、阿富汗、伊朗、土耳其到地中海北岸，一直延伸到大西洋的亚速尔群岛。这个地震带释放的能量约占全球所有地震释放能量的22%。

中国正处于环太平洋地震带与阿尔卑斯—喜马拉雅山地震带，这两个地震带都是十分活跃的地震带，同时又都位于几大板块的边缘，受太平洋板块、印度板块和菲律宾海板块的挤压，地震断裂带十分多，主要地震带就有23条，这里最常发生破坏性地震和少数深源地震。

海岭地震带：也叫作大洋中脊地震带，沿着大洋中脊分布在太平洋、大西洋、印度洋中的海岭（海底山脉），强度一般都不大。还有，贝加尔湖，东非、西欧、北美，中国东部裂谷系，有时也有强烈地震。

贝加尔湖

（7）可以引发海啸的地震

海啸一般伴随着地震的发生而发生，但并不是所有地震都会引发海啸。地震不只发生在海洋，也发生于陆地。通常情况下，只有发生在海洋中的地震才可以引发海啸。

地质学界有种说法："有地震必有断层"。我们前面介绍的三种板块边界状态，都会产生断层，但出现的结果并不相同，应该说，只有汇聚型板块边界发生地震时，才容易产生海啸。因为分离型是平拉开，转换型是平推，不会对海水水体产生很大的提升或压迫作用。但是，这只是我们的主观分析，这些状态并不像我们想象的那么简单。重要的是，地震是否对海水有"升、降"作用。

引发海啸的地震

尼西亚、印度、泰国、缅甸、斯里兰卡、马来西亚、孟加拉国、马尔代夫等国家，有超过30万人丧生。

2010年2月27日14时，智利中部近岸发生了里氏8.8级强烈地震，并引发了海啸，导致802人遇难，遇难者中的大多数都是因海啸而丧生。

2011年3月11日，北京时间13时46分，日本东北部近海发生了9级强烈地震，并引发了特大级海啸，本次海啸灾害不仅对日本东北部沿海造成了巨大的损失，对太平洋沿岸的其他国家和地区也都造成了不同程度的影响。

海啸造成的巨大危害严重影响了海洋沿岸居民的正常生活，并造成越来越严重的经济损失。1883年喀拉喀托火山爆发引起的大海啸，使人们越来越深刻地认识到海啸的危

海啸对人类的危险

害，促使人们更加重视海啸的研究。此后的理论研究内容包括四个方面：海啸的产生原理，海啸在大海中如何传播？海啸在近岸带中如何传播？海湾内和大陆架上的海啸动力学研究。

下面我们就简单了解一下地震海啸的研究概况及结果。

19世纪初，法国数学家提出求解小振幅波的初值问题。小振幅是海啸波的特点，波面起伏不大。这项研究为海啸研究奠定了理论基础。

从20世纪50年代开始，科学家对海啸作了多方面的试验研究。

将海啸发生区域按比例缩小在大型水槽中进行物理模拟试验。

数值模拟：也叫计算机模拟。它以电子计算机为手段，通过数值计算和图像显示的方法，达到对工程问题和物理问题乃至自然界各类问题研究的目的。

人工海啸试验：在外海的水上或水下爆炸进行试验。

海啸的危害主要在于海啸登陆时对沿岸居民及设施的破坏。但是，如果海啸在深海传播时，由于波高和波长之比很小，周期会比较长，因此，船舶行驶在海啸波传播的海面上，对船舶不会造成破坏，船舶也难以察觉到海啸波。所以在海啸发生时，船要离港离岸，驶向外海才能有效地避开海啸的危害。

海啸的发展，受多方面因素的影响，比如，其发源地的特性和几何特征、海底变形的大小、地震的持续时间和强

（3）地震的震源深度要小于60千米

必须是浅源地震才可能形成地壳及海水的重大变化，也就是说震源深度小于60千米的地震才会引发海啸。

（4）震级是7级以上的大地震

这也是一个能量问题，震级太小的话不足以引起海水整体波动或其波动能量不够大。通常，震级在7级以上才会形成海啸。

（5）海底与海岸的地形条件

前面已经讲过，地震引发海啸以后，海啸在大海中传播时，虽然能量巨大，但这时海水整体传播，能量分散至广阔无边的海面上，海上行驶的船舶甚至觉察不到海啸的存在，也不会对船舶造成损坏。但是，一旦海啸进入地形较狭窄的湾口、港口时，能量集中在一起而得不到分散的话，就会形成十到几十米高的“水墙”，并冲向海岸，对沿岸的村落、居民、建筑、各种设施，以及湾内的船舶等造成巨大的伤害。不过，如果在离海岸很远处，比如，几百千米以外时，海底地形就开始有了变化，海水逐渐变浅，对海啸的能量提前造成损失，它到了岸边能量几乎消耗殆尽，也就没有什么破坏力了。这就是地形的影响。

3.地震海啸的分类

海啸可分为气象变化引起的风暴潮、火山爆发引起的火山海啸、海底滑坡引起的滑坡海啸和海底地震引起的地震海啸四种类型。其中地震海啸在发生地震时，海底地形的变动有两种形式："下降型"海啸和"隆起型"海啸。这两种形式都会引起波动，形成巨大海啸。

（1）"下降型"海啸

在地震发生时，海底地壳大范围下陷，随着迅速下陷，海水也会蜂拥而至，从而出现下陷地壳上方囤积大规模海水的情况。但是地壳下陷并不是无休止的，当下陷停止，海水突然受到阻力，就像某种东西飞速前进，忽然撞击上一个固体，那么这个东西必然会被弹出去，这时候的海水运动原理跟这一样，随即翻回海面的海水产生压缩波，形成长波大浪，并向四周传播与扩散。在这里我们可以联系到另一个知

"下降型"海啸

全、财产安全，而且还严重破坏了陆地和海洋生态环境，灾害是转瞬之间就能造成的，但是要恢复则需要长期的努力。

印度尼西亚农业部的有关统计资料指出，频繁的海啸冲毁了印度尼西亚境内37 000公顷的土地，其中包括一些即将丰收的稻田和杂粮田。海啸造成的危害是长期的，海啸所过之处，不只是田地庄稼被冲毁，耕地被海啸冲过之后含盐分极高，需要很长一段时间用清水冲刷去盐，但是有些耕地已经很难再恢复了。

印度洋海啸冲入印度尼西亚境内的班达亚齐以及沿海其他一些重要城镇2～3千米，甚至有些距离海岸边10多千米以外的地方也遭到了海水侵袭。海水不仅冲毁了农作物，更使得房屋倒塌、家畜死亡，还破坏了土壤的表层养分。

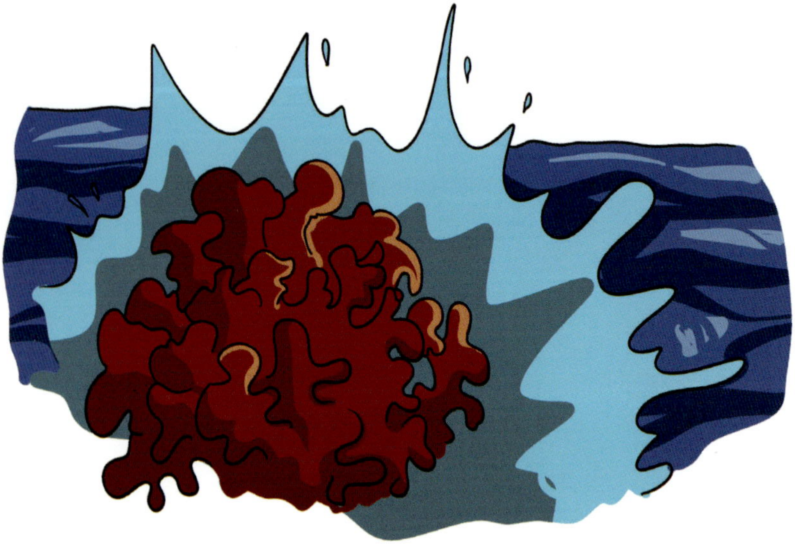

凶猛的海啸

大海啸冲击灾区产生的污水，严重污染了水源。造成这些地区内的食用水井和城市水源严重盐化，在治理之前的一段时间内，这些水源全都不能饮用。而工业与家庭污染物质随着海啸的冲击被带到附近的水源与土壤中，又加重了环境的污染。

冲向陆地的大海啸虽然起源于海中，但也会对当地的海洋生态造成重创，珊瑚礁、红树林和海洋鱼类都受到了严重的污染。印度尼西亚巴厘岛的国际环保组织负责人曾指出，印度洋海啸对生态造成的破坏极为明显，当地海床的水草和红树林都受到了破坏，影响最为严重的是珊瑚礁，这种海洋生物需要几百年的时间才能得到恢复。珊瑚礁为鱼类的繁殖提供了良好的环境，一旦珊瑚礁受损，环印度洋的渔业也必然会受到长远的不利影响。

珊瑚礁和红树林都是鱼类繁殖的良好环境，它们对沿海地区也有重要的保护作用。这里有一个很著名的例子可以解释这一观点。马尔代夫地势较低，受到的海啸危害本应更大、更严重，但此次海啸中死亡人数却远远低于泰国的普吉地区，专家们针对这一现象进行研究发现：这是因为马尔代夫在发展旅游过程中注重珊瑚礁的保护，而泰国普吉地区为了推动旅游业发展，铲除了沿海的一些红树林，因此加重了受灾程度。后来，班达亚齐市有关负责人在讨论重建规划的过程中对这一点非常重视，在沿海一带的规划中准备开辟出500～2000米宽的红树林新绿化带，以增强对海岸线的保护，并在规划中使居民区远离海滩，以降低沿岸居民受灾的

鱼”。懦艮不像海豚那样擅长游泳，所以在海啸发生时，很容易出现溺毙现象。海啸的影响甚至还延伸到了咸水鳄鱼栖息的小溪地区，对这些地区造成了严重的破坏。

6.生态救灾是怎么回事

灾害发生后，虽然各地都积极踊跃地捐款捐物，但这只能暂时缓解海啸灾民生活窘迫的危机。现在国际社会及当地政府必须从物资救灾转移到“生态救灾”，不仅要积极地救助灾害还要更加有效地防范灾害的发生，以保护印度洋沿岸的生命、财产安全和生态平衡的和谐发展。

根据新闻报道的描述，我们可以知道印度洋海啸受灾小

生态救灾

镇的被毁程度。但是，灾难造成的长远灾害却是我们眼睛看不到的，也是无法估量的。然而，对海洋生物造成的影响又如何呢？海啸来袭时，陆地和海洋以一种非常恐怖的形式结合为一体，房屋建筑和被连根拔起的树被席卷到海里，而深海鱼类和鲨鱼等海洋生物则被活生生地丢在空地和停车场。

海啸对海洋生物造成的影响是无法估量的。最近，越来越多的科学家和自然保护主义者强调：这些沿海小镇的将来，与脆弱的海洋生态系统是紧密联系在一起的，要妥善地监管和保护这些珊瑚礁和红树林。

海啸灾害发生后，在各国纷纷伸出援助之手进行物资救灾的同时，“生态救灾”——这种对于当地人未来生存有长远影响的行动也是刻不容缓的。现在许多外国政府和国际组织在对印度尼西亚提供物质援助的同时，也在积极帮助印度尼西亚海啸受灾地区恢复生态环境。

7.珊瑚礁和红树林的生态功效

海啸灾害发生后，首要任务是对受灾人群进行援助，联合国环境项目在救助的同时评估了海啸对环境造成的影响。该项目的世界环保监测中心珊瑚礁部门主管斯特凡·海因指出，早期的报告显示，以前发生海啸灾害的地方，许多珊瑚礁都遭到了大面积破坏。

海啸退却时会把陆地上的泥土带走，还会把一些其他的残骸带回海里，这种现象被称为“浊流”。这也是科学家们最担心的。这些污浊物流入到海里以后，会覆盖在沿海的珊

繁殖的良好场所。

美国国家海洋和大气管理局曾经做过专门研究，近海的红树林、河流入海口和海龟产卵地如果被海啸淹没，将会对海洋食物链的波动产生不利影响，几十年才能恢复。各国的环境科学家讨论在印度洋周边国家建立海啸预警系统问题时指出，把海啸灾难损失降到最低的最简单的办法，就是在海边营建一个自然生态网，培养红树林。

在印度的泰米尔纳德邦，长达620英里（1英里≈1.61千米）的海岸线，却只有62英里的红树林生态区，远远低于专家建议的红树林达到70%的密度。只有达到70%的密度才能在灾难中挽救数千人的生命，而且也能为当地人的生活提供足够的食物和木材资源。

第二章

海啸的预防

2

一、海啸的防御方法

1.减轻海啸灾害的必要性

海啸会给人类带来巨大的灾难，但是目前，人类对海啸、地震、火山等突如其来的灾变，只能通过预测、观察来预防或减少它们所造成的损失，不能控制它们的发生。掌握海啸的科学知识对于减轻海啸灾害是非常重要的，所以我们应该采取积极而有效的措施来减轻海啸灾害。而减轻海啸灾害，我们还需要关注很多问题，如哪些地方是海啸灾害多发区？灾害能有多严重？海啸灾害的发生频度如何？只有了解了这些，才能有针对性地进行灾害的预防，从而减轻灾害造成的各种损失。通常这被叫做灾害的区域划分，也被称为灾

突如其来的海啸

害预测。

海岸地区发生的海啸灾害，其大小主要是受海底地貌和陆地地形的影响，如果海水水深由海洋向陆地减小得很快，而且沿岸陆地平坦且海拔低，那么即使不大的海啸波，也会形成很大的海啸灾害。所以，在沿海进行各种设施建设时，要尽量避开或避免这些地方。如果是非常有必要的，不得不进行的建设施工，那就必须完善相应的预防措施做好预防准备工作。

2004年印度尼西亚地震海啸在泰国沿海造成巨大灾害，海啸来临前，海水先是大规模减退，岸边海底露出许多少见的小鱼和贝壳，海边的游客以为遇到了难得的机会，纷纷下海捡拾小鱼和贝壳，大约20分钟后，十几米的巨浪以排山倒

异常的退潮现象

海之势迅速席卷海岸，沿岸一切生命、财产都被海水无情地吞噬。没有人知道，异常的退潮和罕见的小鱼、贝壳就是海啸出现的前兆。如果多了解一些海啸知识，就可以避免或减少海啸造成的损害。

所以，我们应该经常性地开展一些海啸知识的宣传和教育工作，使防灾抗灾意识深入人心，有效的减灾行动就是要做到有效地预防。社会公众要有防灾意识和常识，社会团体和各级政府应该有应急预案，国际社会要加强合作，只有这样，才能最大限度地减轻灾害。

2.高度重视地震后引发海啸的可能性

海啸是由风暴或海底地震造成的海面恶浪并伴随巨响的现象。海水往往冲上陆地，给沿岸地区造成严重灾害，海啸给人类带来的灾难是十分巨大的。

1960年5月23日，智利沿海地区连续不断地在多个地方发生多次地震，形成一系列破坏性极大的罕见地震群。这次地震引发的海啸产生的能量覆盖了整个太平洋，海啸波以每小时700多千米的速度在太平洋传播，海啸经过的所有国家和地区都遭受到不同程度的损失。在美国夏威夷希洛湾内，海啸波轻而易举地就将堤坝上10多吨重的玄武岩块扔到百米以外的其他地方，一座钢质铁路桥被推离桥墩200多米，毁坏500多处建筑物，造成61人死亡，282人受伤，直接经济损失上亿美元。在地震发生之后22小时，海啸波才传到日本并造成巨大灾害。这次引起海啸的智利大地震成因是20世纪罕见

蚂蚁搬家

的地壳变动，在这次地壳变动中，海底一块约50万平方千米的地块一下子被提升了将近10米，汹涌的海浪持续了1个星期之后才逐渐平息。

日本是一个地震多发国家，也是世界上最常遭受海啸袭击的国家之一。根据历史记载，日本太平洋沿岸曾经遭受过30多次海啸的猛烈袭击，其中最大的一次发生在1896年6月15日，位于日本本岛北部濒临太平洋东部的三陆市，在地震发生后不久，三陆沿海就出现海水迅速退落的异常现象，新出现的海滩上显露出许多常年被海水淹没的岩礁滩地，但是退却的海水顷刻重返，就像一堵高耸的水墙来势凶猛。这次海啸引起的最大波高达25米，房屋倒塌1.4万多间，流失船只

3万余条，死亡人数超过2.7万。这次海啸的发生起源于距岸200多千米处的海底地震，海啸还波及太平洋中部的夏威夷群岛，形成10多米高的巨大海浪，远在太平洋西岸的美国旧金山也记录到20厘米的波高。

全球的海啸发生区大致与地震带一致。有记载的破坏性海啸大约有260次，平均六七年发生1次。发生在环太平洋地区的地震海啸就占了80%。而日本列岛及附近海域的地震又占太平洋地震海啸的50%以上，日本是全球发生地震海啸最多并且受害最深的国家。

1498年9月20日，日本北海道出现的地震海啸，最大波高20米，海啸侵入内陆2千米，造成2万人死亡。

1792年5月21日，日本有明海附近出现由山崩而引发的海啸，最大波高在50米以上，造成1.5万人死亡。

1883年8月27日，印度尼西亚巽（xùn）他海峡因火山喷发引起海啸，最大波高35米，超过3.6万人死亡。

1933年3月3日，日本三陆外海地震海啸，最大波高24米，死亡人数达到3000人，海啸横越太平洋，远到南美的智利都受到了影响。

1964年3月28日，阿拉斯加湾因大面积海底运动引起海啸，最大波高达30米，海啸波及加拿大和美国沿岸，造成150人丧生。

1992年9月1日，在太平洋发生的一次地震，陆地上几乎没有震感，只有地震仪能够观测到并记录了下来。可是十几小时以后，在远隔万里以外南美洲的尼加拉瓜沿海一个小镇，海滩上的海水突然回落，露出罕见的海滩，接着波高2米的海浪突然涌来，给毫无准备的海滨度假人群造成很大伤害。同时，附近沿岸地区，十几米高的浪头突袭而至，海浪的巨大能量造成170人丧生，1.3万人无家可归。

2001年6月，秘鲁南部发生了里氏8.4级的地震，并引发了海啸，至少造成78人死亡，经济损失约3亿美元。

2004年12月26日，印度尼西亚海域发生了里氏9级的地震，并引发了海啸，给印度洋沿岸各国人民的生命和财产造成了重大损失，夺走了印度洋沿岸11个国家20多万人的生命。

2009年9月30日，南太平洋萨摩亚群岛附近海域发生了里氏8.3级的地震。地震引发的海啸，淹没了沿岸的数十个村

灾难过后的凌乱景象

庄，至少造成34人丧生，数十人失踪，数千人无家可归。

2010年2月27日14时，智利中部近岸发生了里氏8.8级的强烈地震，并引发了海啸，导致802人丧失生命，遇难者中的大多数都是因海啸而丧生。

以上种种事例表明，太平洋沿岸是海啸灾害的多发区，在该区域1300多年来的海啸记载中，已经有14万~20万人在海啸灾害中丧生。为防范灾害性海啸的突然袭击，减少灾害造成的各种损失，目前人们在太平洋地区已经建立了50多个用于监测海啸的地震台站，这些监测设施分属于12个国家和地区。这些监测站采用的都是比较精良的仪器设备，有的地震仪被安置在太平洋海底，这样可以监测到远距离的海底地震，并利用地震波沿地壳传播的速度远比地震海啸运行速度快的原理，为地震海啸提前作出预报。例如，发生在智利的海啸，需要经过13个小时才能传到夏威夷，约20个小时后才到达日本沿岸，如果利用海啸监测网获取的地震波记录，可以在1个小时内作出海啸警报。这样的话，可以给日本防灾体系赢得更多的防范时间来采取应对措施或尽早安排沿岸的居民或游客逃生。

中国地处太平洋西岸，濒临环太平洋地震带，东面又邻发生地震海啸比较多的国家——日本。那么，这些因素会不会给中国造成不利影响，使中国海区也成为海啸的多发区呢？

根据历史资料的记载，从公元初到现在，2000多年的时间里，中国海区仅仅发生过10次地震海啸，平均约200年才有1次。这说明中国沿海发生地震海啸不是很频繁。这主要是由于中国海区的地理形势造成的。中国海区大都处于大陆架上，地势坡度很小，水深较浅，一般都在200米以内；在地质构造上，也很少出现大断裂层和断裂带，如果在中国海区发生较强的地震，一般也不会引起海底地壳大面积的升降运动。换句话说，就是中国海区缺乏引发海啸的动力。

世界上许多地区海啸灾害极为严重，幸运的是，我国的海啸灾害发生并不频繁，相对来说，危害也没有那么严重。根据历史记载，自公元前47年到现在为止，我国共发生地震引发的海啸27次，其中20世纪发生了8次，但都属于等级较低、破坏性较小的海啸灾害。

从1969年到1978年10年间，山东渤海、广东阳江、辽宁海城、河北唐山曾发生4次震级均在6级以上的大地震，但是都没有引发海啸。此外，中国的海域辽阔，分布了数以千计的大小岛屿礁滩；从渤海的庙岛群岛到黄海的勾南沙，东海的舟山群岛、台湾岛、南海诸岛等，这些众多的岛屿呈弧形环分布在大陆海岸周围，就像一道天然的海上屏障保卫着中国土地的安全。同时，在中国近海外侧，有日本的九州岛、琉球群岛以及菲律宾诸岛拱卫，也是另外一道有效的海上“防波堤”，抵御着外海海啸波的冲击。加之宽阔的大陆架浅海海底摩擦阻力的作用，受上述两道防线和广阔浅水的影响，当海啸波从深海传播到中国海区时，其能量已经大为衰减，一般不会再构成严重的威胁。有资料统计发现，中国近海海底地震伴生的海啸概率只有6％，远远低于全球海啸发生的平均水平。能引发海啸的浅源地震，也大多集中在我国台湾省附近。虽然在我国大陆海区发生海啸的概率较低，但对我国大陆海区还是有一定影响的。我们依据海啸发生的概率，可以把中国近海分为高、中、低三类地区，分别是台湾地区东岸、大陆架区和渤海区。

1960年，智利发生的那次大海啸，影响到太平洋周边的许多地区，日本也未能逃脱这场灾难。可是，与日本比邻而居的中国在这次海啸所受到的影响却微乎其微，当智利的海啸波传到上海时，吴淞口验潮站记录到的波高只有15～20厘米；传到广州附近时，闸坡海洋站记录到的海啸，只有一些微弱迹象了。

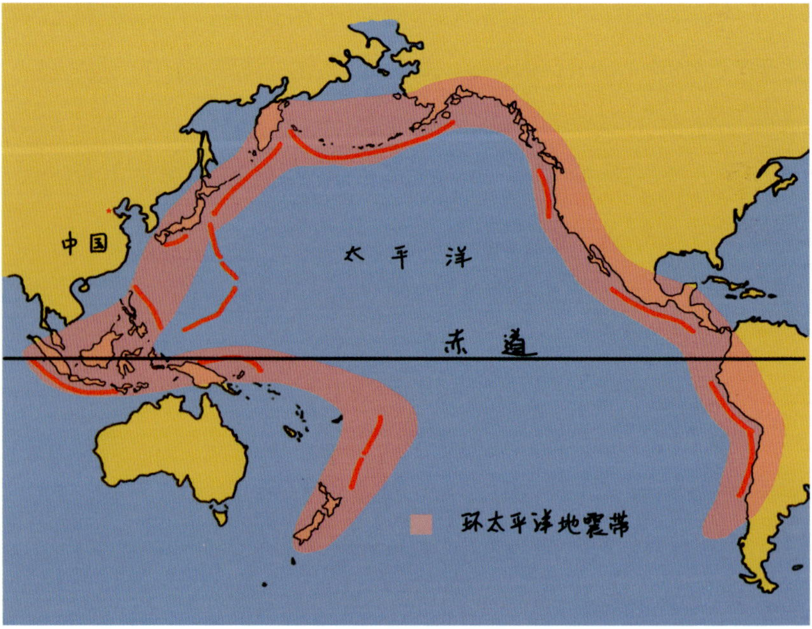

环太平洋地震带

综上可以看出，我国大陆沿海地区不仅较少发生地震海啸，即使太平洋上发生了大海啸，也不会对我国大陆沿海构成严重威胁。当然，加强地震海啸的研究，建设必要的监测网，做好防范工作，仍然是至关重要的，因为一旦海啸发生，造成的损失是非常惨重的，所以一定要防患于未然。

中国是一个地震多发国家，地震活动频繁，分布范围广、强度大，几乎所有的沿海城市都发生过或大或小的地震灾害。目前，中国正处在第五个地震活动期的高潮阶段，局部地区很容易发生严重的地震灾害，这些情况都应该引起人们对地震引发海啸的警惕。从中国沿海地震活动情况来看，地震强度和频度相对较高的地区为渤海和黄海地区；东海到南海的黄岩岛附近，因为和琉球群岛、菲律宾群岛地震带相连接，所以，这是地震活动的强度和频度相对最高的地区；华南近海的地震强度较大，但频率相对较小。了解了上述这些情况，有利于掌握中国海区海啸发生的可能性和趋势。

中国近海海域虽然不易发生地震海啸，但经常会在震后出现1～2米高的海浪涌上沿岸。1867年12月18日，台湾基隆北部海域发生6级地震，海水倒灌进入基隆市区，造成部分街道和房屋被淹；1966年3月，台湾花莲东北海域发生7.5级地震，引发了中等强度的海啸，造成7人死亡。地震海啸一旦发生，就会造成不容忽视的海洋灾害，所以在以上的灾害危险区域，要高度重视地震后引发海啸的可能性。

3.海啸来临前的预兆

海啸前兆的具体分类如下：

（1）地面强烈震动

地面强烈震动是地震海啸发生的最早信号，地震波与海啸因为传播速度不同，中间会有一个时间差，这非常有利于人们采取措施提前预防。地震是海啸的“先锋队”，感觉到较强震动的时候，不要轻易靠近海边或江河入海口。在沿海地区，如果得知附近即将发生地震，一定要提前做好预防海啸的准备。海啸有时也会在地震发生几小时后到达离震源几千千米远的地方。

吊灯在不停地摇晃

（2）浅海区域突然出现一道“水墙”

在海边的时候，如果看到在离海岸不远的海面，海水突然变成了白色，同时在它的前方出现一道“水墙”。这种情况的出现很有可能是因为地球的断层出现破裂，并垂直移位数米，将巨浪海水排出海床，把海浪推出数千千米，形成“水墙”。海啸形成之后，海啸波已由远海传至近海，前浪的波速会逐渐减慢，但后浪的波速仍然很快，当两股浪潮融合在一起时，海水陡然增高，就会出现几米甚至几十米高的巨浪。海啸的排浪不同于通常的涨潮，海啸的排浪非常整齐，浪头很高，像一堵墙一样，这就是人们常说的一道“水墙”。这样的排浪是海啸的专有特征，看到这样的预兆要尽快设法逃生。

地面强烈震动

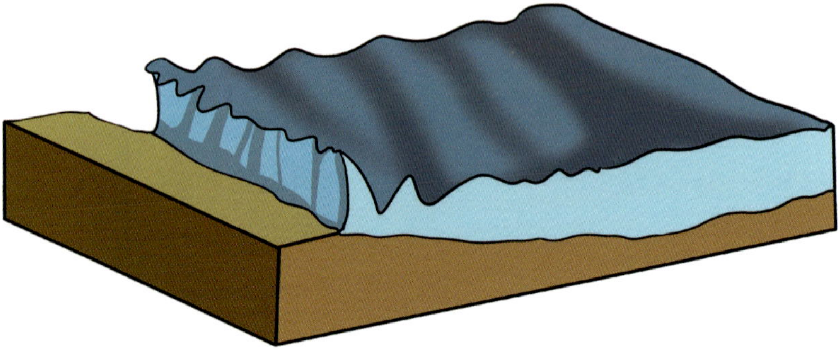

海啸形成的“水墙”

（3）海水突然出现暴涨和暴退现象

海面出现异常的海浪。当海底发生地震，因震波的动力而引起海水剧烈的起伏，会形成强大的波浪。而海底的突然下沉，海面上的水流也会相应地流向下沉的方向，出现快速的退潮。这种现象在距震中数百千米以内的沿海经常能够看到，一般发生在大地震后的10～20分钟。当海水出现这种异常现象时，一般距海啸的时间最短只有几分钟，最长可达几十分钟。由于海啸的能量释放是通过作用于水来传播的，一个波与另一个波之间有一段距离，这个距离，就是海啸来临前的最佳逃生时间。

海啸来袭之前，海水一般总是突然退到离沙滩很远的地方，一段时间之后海水又重新上涨，为什么会出现这种情况呢？这主要是因为地震发生时会造成海底地壳大幅度沉降或隆起，使海水大量聚集转移而形成的。

通常情况下，出现海平面下降的现象是因为海啸冲击波的波谷先抵达海岸。波谷是波浪剖面低于静水面的部分，如

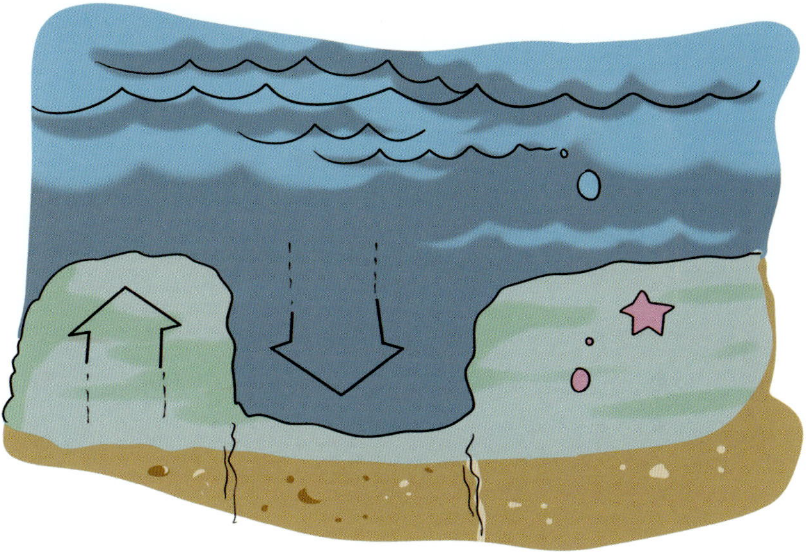

海水突然出现暴涨或暴退现象

果它先登陆，海面势必下降。同时，海啸冲击波不同于一般的海浪，其波长很长，所以在波谷登陆后的一段相当长的时间，波峰才能抵达。但是，这种情况如果发生在震中附近，那它的形成就另有原因了。地震发生时，海底地面出现一个大面积的抬升和下降，这时，震区附近海域的海水也会随之抬升和下降，从而形成海啸。

2004年印度尼西亚大海啸发生之前的几天，在马来西亚的吉打，来自沿海村落的渔民打到的鱼是平日的10多倍，他们只是认为这种异常现象是来自上帝的礼物。海水的情况也很奇怪，涨潮的时候比平时涨得高，退潮的时候也比平时退得远。海啸的最后一个预兆出现在海啸发生当天，当时大大小小、颜色各异的罕见鱼类纷纷被海水抛落到海滩上，海面也开始“奇怪”地翻滚。当渔民看到岸边的海浪突然后退了100米，几分钟之后几层楼高的滔天巨浪向岸边汹涌扑过来的时候，人们才意识到灾难降临了。

（4）大量的深海鱼游至岸边

浅海出现大量深海鱼类。深海和浅海不同，两者之间有着巨大的环境差别，深海鱼类更适合在深海生存，绝不会自己游到浅海，出现此种反常现象，就是一个预兆，它们很可能是被海啸等异常海洋活动的巨大暗流卷到浅海的。例如，印度尼西亚地震发生前几天，出海打鱼的渔民每天打到鱼的数量剧增，而且有许多平时罕见的鱼类。当地的沙滩上也出现了很多本应该生活在2000米以下深海中的鱼类。所以说，深海鱼出现在近海的异常现象，就是海啸来临前的预警，必须高度重视，及时做好充分的防御措施以减少人员伤亡。

（5）海面上冒出很多气泡，并发出“吱吱”的响声

当你在海边游玩或嬉戏时，如果突然发现海水像“开锅”一样，海面上冒出许多大大小小的气泡，这种现象是海啸将要出现的征兆。

（6）动物出现异常行为

动物比人类敏感，在各种灾害到来之前能够比人类更早地察觉到这种危险的存在，所以种种动物的异常行为也可以给我们提供一些有效的信息，作为灾害来临前的先兆。比

海面上冒出很多气泡并发出“吱吱”的响声

乱舞着钳子的螃蟹

如，当众多的海鸟突然从你的头上惊恐飞过，你应该有所警觉，这很有可能是它们受到远海狂浪的惊吓所致，或许它们已提前感受到此海区的异常。曾有一次海啸来临前，大象惊恐，发出不同寻常的刺耳吼声，引起了人们的注意，并及时采取了预防措施进行逃生，从而拯救了数十位国外旅游者的生命。还有人看到几百只黑羚羊，群体狂奔上山，从而在山上躲过了一场海啸。

（7）通过氢气球可以听到次声波的“隆隆”声

发生海啸时，通过氢气球可以听到次声波（即频率小于20赫兹的声波。次声波不容易衰减，不易被水和空气吸收）的“隆隆”声。

4.收到海啸警报后应该怎么办

若听到地震在附近发生的报告，就要为预防海啸做好充分的准备，因为有时地震发生几小时后，离震源上千千米远的地方就已遭到了海啸的侵袭。

在接到海啸警报后，为避免发生漏电、火灾等事故，应该立即把电源切断，把燃气关闭。

如果当时你正在学校上课，收到海啸警报时，要主动听从老师和学校管理人员的指示，采取相应的行动。

如果你当时正在家里，收到海啸警报时，应迅速把所有的家庭成员召集起来，撤离到安全的区域，千万不要因为顾及家中的财产损失而丧失了逃生的时间，同时，对当地救灾部门的指示要予以积极地响应。

如果你当时正在海岸边，当你感觉到强烈的地震或者长时间的震动时，应该立即远离江河、海边的入海口，迅速往附近的高地或其他安全的地方躲避；倘使你没有感觉到震动，但却收到了海啸的预报，为防万一，也要立即往附近的高地或其他安全的地方躲避。同时，通过电视机或收音机等通信手段掌握最新的信息，在海啸警报解除以前，千万不要靠近海岸。

海啸前采取相应的行动

5.海啸可以预防

（1）借助动物来预防海啸

海啸往往会给人类造成巨大的损失，但是各种资料和种种迹象表明，动物对灾难的来临比人类敏感。2004年的印度洋海啸中尸横遍野，却没有一具动物尸体。斯里兰卡野生动物保护局副局长拉特纳亚克说：“没有一头大象丧生，甚至没有一只野兔死亡，我想动物可以感觉到灾难即将来临，它们有第六感觉，能预知海啸发生的时间。”专家根据事实依据发现，动物对自然灾害是天生敏感的，尤其是野生动物。印度尼西亚苏门答腊岛野生老虎保护处的工作人员戴比·梅尔特认为：“动物的听觉极其灵敏，它们极有可能察觉到海啸将至。另外，海啸引起的振动会导致气压变化，而气压变化又能起到预警作用，并提醒动物向安全地带迁移”。也有一些专家指出，动物拥有“第六感”，但是目前这种说法并

借助动物预防海啸

海啸的预防

没有充足的科学依据可以证明。南非约翰内斯堡动物园的动物行为专家马修·范·利罗普说，火山爆发或地震发生前，有狗会狂叫、鸟类会迁徙等许多说法“是没有这方面的专门研究，因为你不能在实验室或者在旷野中对此做出验证。此次印度洋海啸中发生的事例为动物有‘第六感’新的证据”。随着人类对动物了解的逐渐深入，未来也许可以更好地借助动物的行为变化来预防灾害。

（2）根据不同的地理位置来预防

根据不同的地形，可以选择不同的避难设施。以日本静冈县的海啸防御体系为例，在距离海边不到10米的地方，最好是附近有一座小山或把它削成平台或者有一个高处的平台，作为紧急避难地。在斜面上要建好避难台阶，并在台阶入口处设置引导避难的标志，平台最适宜高度为12米、面积在600平方米左右，都用水泥固定。尤其是海啸多发地，海岸被开辟用来作为旅游场所的地区，这种设施就更加有必要。一旦出现海啸先兆，来不及逃离的人们马上就可以登上这里，根据实际情况再想办法求救或者转移。还可以在离海边3千米以内的地方建造临时避难地，作为社区防灾中心。中心

帐篷

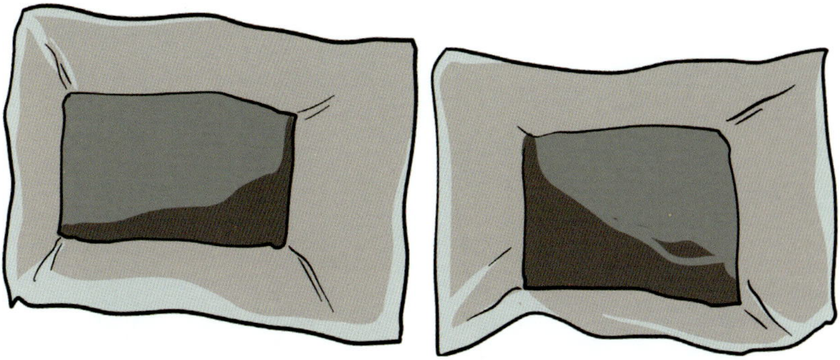

太空食品

需要用钢筋水泥建造，设有防灾仓库、厨房和残疾人、老人护理室等设施。防灾仓库物资储备应该齐全，如帐篷、发电设备、抽水机、太空食品和简易厕所等，可供来不及撤离或者家园已经被毁的居民在此暂时居住。

在海啸发生时，首要的原则是人们应该尽量往高处跑，一般来说在高处受到海啸的影响较小。

（3）利用电脑管理软件预防

一种名为“防灾GIS”的地图信息管理软件可以对小范围内的一些危险地段实行24小时监控。一旦险情出现，灾情会形象地表现出来。总指挥处立即启动救灾机制，进行预警并展开救援工作。比起建造防灾设施，政府的紧急应对体制和居民的防灾意识更重要。

政府可以不定期地通过印制地震防灾手册、组织参观防灾博物馆、定期避难演习等措施提醒居民提高防范意识、学习防灾知识，灾害来临前能做到未雨绸缪。

利用电脑管理软件预防海啸

根据历史记录和科学分析可以看出，远洋海啸对我国大陆沿海影响较小。但我国台湾沿海，尤其是台湾东部沿海，地震海啸的威胁不容忽视，尤其是由近海地震引起的局部海啸，应给予高度关注。

（4）红树林对台风和海啸的防御作用

红树林大多属于红树科，是一种罕有的木本胎生植物。所谓的红树林由红树科的植物组成，组成的物种包括草本、藤本红树。这种树种的外皮以内的韧皮部多含丹宁（鞣酸类物质）使得树干呈现红色景象，红树林因此而得名。红树林大多生长于陆地与海洋交界带的滩涂浅滩，是陆地向海洋过渡的特殊生态系统。

红树林是一种物种非常多样化的生态系统，生物资源量非常丰富。这种生物资源又是可以持续利用的，原因主要是红树的凋落物也就是它的残枝败叶是海洋生物很好的食物。生活在红树林中的鸟类可以啄食鱼虾，微生物能够分解鱼虾的尸体和植物的枯枝败叶，并把它们还原于海底土壤中。通过这样的食物链转换，红树林就像一个天然的养殖场，为海洋生物提供良好的生长发育环境。再加上红树林大多生长于亚热带和温带，所以红树林区还是候鸟的越冬场和迁徙中转站，更是各种海鸟觅食栖息、生产繁殖的场所。

红树林还有一个很重要的生态效益，那就是它的防风

红树林对台风和海啸的预防作用

消浪、促淤保滩、固岸护堤、净化海水和空气的功能。红树林的根系发达，在海中盘根错节，能有效地滞留陆地来沙，减少近岸海域的含沙量；茂密高大的枝体宛如一道道绿色长城，有效抵御着风浪的袭击。

1958年8月，一场历史上罕见的12级强台风袭击了福建厦门，随之出现了强大而凶猛的风暴潮，这场灾难几乎吞没了整个沿海地区，人民的生命、财产损失惨重。但近在咫尺的龙海县角尾乡海滩上，因受到高大茂密的红树林的保护，该地区的沿岸受到的波及影响很小，农田村舍损失甚微。

1986年，广西沿海发生了百年不遇的特大风暴潮，合浦县398千米长的海堤几乎全被冲垮，但凡是堤外分布有红树林的地方，海堤就得以幸存，经济损失也很小。红树林附近的民众都把红树林看作是他们的“保护神”。中华人民共和国成立前，广西山口红树林附近的村民，曾以捐钱捐米的方式，并雇请专人看护这片红树林。

1982年，曾有华侨特地从南洋带回“秋茄树”等各种红树林种苗在中国沿海进行育种栽植。

1996年9月，雷州半岛遭受历史罕见的12级强台风袭击，团结堤和安圹堤几乎毁于一旦，被冲破100多米，损失严重，而有红树林带保护的地方，沿岸群众的生产生活几乎没有受到任何影响。

1999年，罕见的强台风再次袭击东南沿海，厦门集美凤林湾一带数千米沙石海堤全部被冲毁，甚至海岸线上的防护林木也被大面积地吹倒或折断，滩涂养殖也都付之东流，毗邻红树林海域及周边的生态却安然无恙。

2003年，第七号台风“伊布都”携带3～4米的海浪在沿岸登陆，在5000多亩红树林的保护下，广东省恩平市横陂镇的10千米海堤安然无恙，而没有红树林的另外5千米厚级海堤，被狂风巨浪完全冲毁，造成直接经济损失达到数千万元人民币。

2003年7月，强台风“榴莲”在广西北海登陆，使我们再一次见识了红树林“海岸卫士”的威力：全市沿海受到红树林屏护的海堤安然无恙，海堤护卫的2000多亩农作物没有受到影响。而没有红树林阻挡海浪的海堤毁坏109处，多处出现巨大缺口。与此同时，有58艘渔船因为驶进红树林潮沟躲过了劫难，而6艘来不及驶入红树林的渔船，瞬息间即被台风打

专人看护红树林

入海底。

2004年岁末，在印度洋地区海啸灾难中，数十万人口受到严重灾情的影响，而所有有红树林的地方全都无一例外得到很好的保护。

为什么种植红树林与否会有这么大的差别呢?

这主要是因为红树林生长在这样复杂、特殊的环境中，它们的形态结构都根据环境而发生了变化，强大、密集的根系更加坚固稳定，不仅支持着植物本身，也保护了海岸免受风浪的侵蚀，形成一道道遮挡台风的天然屏障，抵御台风、海啸，护卫海岸沙滩，使沿海的村镇和农田免受风浪、潮汐的袭击。因此红树林又被称为“海岸卫士”。

红树林还有一个奇妙的“胎生现象”，幼苗生长在母体中，脱离母体后，就能在高盐含量的海水中生活。这是红树林生活在海滩、海湾和抵御台风、海啸的必要条件。红树林的叶子常具有和其他盐生植物一样的生理干旱的形态结构，叶子革质表面光滑，有利于反射海岸强烈阳光的照射，并具有能排出体内过多盐分的分泌腺体。这些特征是很重要的，是保证红树林在恶劣环境中得以生存的重要特征。

红树林的功效是如此实用和重要。因此，我国对红树林采取了一系列的保护措施，并制定了相应的法律法规来加以保护。然而，得到国家和地方法律、法规保护的10多种红树林并没有能够幸免于刀俎之灾。近几十年来，特别是最近10多年，围海造地、围海养殖、乱砍滥伐等种种人为影响，使得红树林的面积急骤减少，由40年前的4.2万公顷骤减到只剩下了1万多公顷，不及世界红树林总面积的千分之一。几个国家级红树林自然保护区也都遭到不同程度的砍伐破坏，其中尤以广西砍伐红树林为甚。当地原有红树林22 387公顷，到1993年仅剩5654公顷。甚至，广西近几年已砍伐和已列入填海造地规划的（已批准）即将砍伐的红树林还有将近1000公顷之多。

已经列入《中国湿地名录》、国家保护的重要湿地之一的龙海红树林自然保护区，1998年龙海市政府未经保护区主管部门批准，耗资2500万元强行建设一项围垦工程用于养殖，面积达460公顷，危及超过33公顷的红树林的生存。

2002年，广东湛江红树林国家级自然保护区被列为国际重要湿地。然而厦门西海域，20世纪80年代在东渡等海域仍有成片红树林，随着这几年围海造田地不断扩大已经逐渐消失了。

红树林对于沿岸生态环境和沿岸居民来说，实在是太重要了，它能够直接地挽救数以千万的经济损失，为什么一定要在灾难过后再去怀念它的好处呢？让我们都行动起来，为保护红树林而努力，应做到以下几点。

各级政府是沿海防护林体系建设的责任主体，应该严格按照防护林的保护措施保护红树林的发展规划，减少灾难的形成胜过灾后的积极救灾。

各地要积极争取本级政府和有关部门的支持，严厉打击和制止乱砍滥伐红树林、乱征滥占湿地等违法活动，人为破坏红树林的现象一定要严格控制。

要加大红树林的恢复与营林力度，对红树林宜林滩涂采取人工营造措施，加快红树林资源的恢复，使其尽快发挥效益和作用。让人们充分认识红树林的功效，才更有利于红树林的保护和建设。

加强国际合作，借鉴国外先进技术和经验，提高我国红树林的保护建设水平。

最主要的还是要加大宣传力度。目前，大家对红树林还缺乏足够的认识，更谈不上重视了，这严重影响了红树林的保护与发展。要充分运用各种宣传手段，深入、持久地宣传红树林保护与建设的重要意义，从我们自身做起，提高认识，增强民众保护和参与的自觉性，为红树林资源保护与发展创造良好的社会环境。

红树林的保护与发展

二、海啸的防御措施

1.海啸预警系统

依据现有的科学技术水平，还不能在大地震之后迅速地、正确地判断该地震是否会激发海啸，但是我们仍然可以根据目前的认识水平，通过海啸预警为预防和减轻海啸灾害采取积极的应对措施。

海啸是向外传播的，根据这一特点，如果我们知道了海中发生地震的具体地点或知道某处实际海啸的发生，就可以利用海啸传播的时间差，向其他可能会波及的地区及时发出海啸警报。

根据海啸的发生特点，1965年，26个国家和地区进行合作，在夏威夷建立了太平洋海啸警报中心（PTWC），随后更多的国家陆续加入了这一国际海啸警报中心。这样的话，一旦从地震台和国际地震中心得知海洋中发生地震的消息，PTWC就可以计算出海啸到达太平洋各地的时间，及时发出警报。中国于1983年参加了太平洋海啸警报中心，对于来自太平洋方面的海啸，我们可以做出及时的预防准备工作。

建立海啸预警系统是有科学依据的。

第一，地震波传播速度比海啸的传播速度快是海啸预警的物理基础。地震波大约每小时传播30 000千米（每秒6～8千米），而海啸波每小时传播几百千米。比如，当震中距为1000千米时，地震纵波大约2.5分钟就可到达的距离，海啸则需要1个小时以上。

1960年，在智利发生了特大地震，并引发了一场特大海啸，智利地震的地震波传到上海用不了1个小时，而海啸波传到上海则用了23个小时。所以，根据地震台上接收的地震波推测，我们不但知道智利发生了大地震，而且知道大约多少小时之后海啸波会到达。

智利海啸频发

第二，海啸波在海洋中传播时，其波长很长，会引起海水水位大面积升高（台风也会造成海面出现大波浪，但面积远远小于海啸），所以我们可以在海洋中建立一系列观测海水水面的验潮站，根据观测判断会不会发生海啸、海啸的传播方向等关键问题。

需要注意的是，海啸的产生过程很复杂，因为地震波传播速度与海啸传播速度的差别造成的时间差只有几分钟至几十分钟，海啸早期预警就难于奏效。海洋地震是造成海啸的主要因素，但大部分海洋中的地震不会产生海啸，因而经常都会出现不实的虚假预警状况。如1948年，檀香山收到了海啸警报，相关部门立即采取紧急防御措施，动员全部居民迅速撤离沿岸，但最后根本没有海啸发生，而这次海啸紧急救助活动花费了3000万美元。1986年，当地又发生了一次不实警报预警，同样损失巨大。从1948－1996年，太平洋海啸预警中心在夏威夷一共发布了20次海啸警报，其中只有5次是真警报，剩下的15次都是不实的虚假警报，虚报比例达到75%。近些年来，随着科学家对海啸资料的不断深入分析和数值模拟技术的发展，虚报比例已经有所下降。当前的海啸早期预警工作主要有海啸产生的机理、相关的数学模型、安装多个深海海底地震仪（OBS）组成的监测系统和预警信息的快速发布这四个方面。

为了在大地震之后能够迅速地、正确地判断该地震是否激发海啸，减少误判与虚报，特别是“近海海啸”预警的误判与虚报，以提高海啸预警的监测水平，必须加强对海啸物理的研究。

海啸预警具有可靠的物理基础，它不仅有其理论依据，而且也是实际可行的，并且已经有了成功的范例。比如，

1946年，海啸袭击了夏威夷的“曦嵝”（Hilo）市，造成了巨大的人员伤亡和大量的财产损失。于是，1948年夏威夷建立了太平洋海啸预警中心，在那以后有效避免了海啸可能造成的损失。

倘若印度洋沿岸的各国在2004年印度洋特大海啸之前，对海啸的威胁有足够的重视，同样建立一个海啸预警系统，苏门答腊安达曼特大地震引起的印度洋特大海啸，也不至于造成如此巨大的人员伤亡和财产损失。

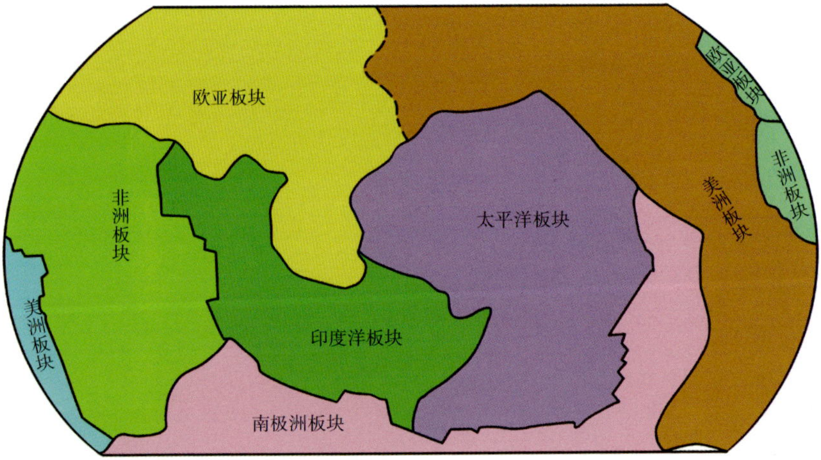

板块构造

印度洋海啸后不久，联合国前秘书长安南建议建立一个全球的国际海啸预警系统。这个系统通过全部汇总所有参与国家的地震监测网络的各种地震信息，然后用计算机进行数据分析，设计成电脑模拟程序，大体判断出哪些地方会有形成海啸的可能性，其规模和破坏性又有多大。基本数据形成以后，系统会迅速向相关成员国发出及时的海啸警报。该系统分布还在海洋上建立了数个水文监测站，一旦海啸形成，海啸预警系统也会及时更新海啸信息。预警系统只有是全球性的，才能真正有效。

印度洋海啸造成的严重灾害，使人们对预警系统有了新的认识。

建立全球的预警系统比建立各国和区域的预警系统更有效、更经济。

海啸的发生频率很小，所以我们应该更合理地建立综合的各灾种的综合性预警系统。

预警系统应当采用最先进的科学技术。

预警系统不是万能的，本地海啸的预警比遥海啸要困难得多，因此，为了最大限度减轻灾害，除预警系统外，还要注意灾害的预防和建立灾害发生后及时有效的救援系统。

2.日本的海啸预警系统

（1）日本是地震海啸多发区

日本是海啸最常“光顾”的国家，甚至远在地球另一端发生的海啸，也会波及千万里之外的日本岛，日本人对海啸造成的危害可以说是有着切肤之痛的日本人把海啸叫做“津波”，意思是冲向湾内和海港的破坏性大浪。环绕太平洋的孤岛和海沟区是全球火山和地震的多发区。地球上有记载的由大地震引起的海啸，有80%都发生在太平洋地区。在环太平洋地震带的西北太平洋海域，更是发生地震海啸的集中区

建立海啸预警系统

域。具体来说，海啸主要分布在日本太平洋沿岸，太平洋的西部、南部和西南部，夏威夷群岛，北美洲，中南美。其中受害最重的是日本、智利、阿留申群岛沿岸和夏威夷群岛。

大海啸时间表

时　间	地　点	波　高
1755年11月1日	葡萄牙里斯本	波高15米
1883年8月27日	印度尼西亚喀拉喀托火山	波高40米
1896年6月15日	日本三陆	波高24米
1906年1月31日	哥伦比亚图马科	
1908年12月28日	意大利墨西拿海峡	波高12米
1933年3月2日	日本三陆	波高29米

续 表

时 间	地 点	波 高
1946年4月1日	美国阿留申群岛	波高35米
1960年5月22日	智利	波高25米
1964年3月28日	阿拉斯加湾	波高30米
1992年9月1日	尼加拉瓜	波高11米
1998年7月17日	巴布亚新几内亚	波高49米
2004年12月26日	印度尼西亚苏门答腊	波高34米
2011年3月11日	日本东北部海域	波高37.9米

日本是海啸重灾区，不但海啸死亡总人数最多，还是发生破坏性海啸最频繁的区域。从684年至今，灾害严重的大海啸就发生了62次，导致10多万人丧生。最近几十年，日本国

日本名古屋

内共发生6次强度比较大、灾害比较严重的大海啸，其中1933年的日本三陆近海海啸死亡人数达到了3000人；1983年日本海中部地震造成100多人死亡。

1946年4月1日，阿留中群岛地震中摧毁的灯塔

（2）日本的海啸预警系统

日本是地震海啸发生最频繁、最严重的国家之一。为了有效地防范地震海啸的发生，减少灾害造成的伤亡损失，从1941年开始，日本就在其国家气象厅建立了自己的海啸预警系统。40多年后，终于得到实践的检验，在1983年日本海中部发生7.7级地震时，监测系统及时向东京发出警报预警，专家经分析研究，推断将要发生海啸，但分析过程耗时20分钟，在政府发出警报之前，已经有100多人被地震原因形成的海浪卷走了。这次海啸之后，日本总结了各种经验教训，改进了监测系统。此后安装的监测设备可以自动接收地震仪读数，并在10分钟内就能发出警报，比20分钟时候快了一半，但仍然不够完善。1993年北海道发生7.7级地震，海啸几乎立

海啸

即伴随地震的发生而发生了，地震后3分钟，奥尻（kāo）市即遭到高达29米大浪的袭击，让所有人都措手不及。震后7分钟政府即刻下令疏散，反应可算快捷，但海啸发生得太快，这时已经有198人丧生了。灾难过后，为了更有效地预防海啸，奥尻市人民筑起一道长14千米的防波堤，在某些地段堤高12米，并安装了预警系统。地震一旦达到7级，立即就能自动发出警报。地震的频繁发生和灾难性后果，促使日本政府不断改进和完善预警系统，此后，如果发生相同程度的海啸灾害，日本所受到的损失程度将远远低于其他国家。这就是灾害预警系统的有效性。

（3）1994年起日本气象厅计划新目标

随着科学技术的发展和人们认识水平的提高，日本经过不断的完善改进并制造出新一代的海啸预警系统，并按步骤实施，新建系统在大地震发生后3分钟内就能发出可靠的地震海啸警报。只要地震一发生，就有150个高精度地震监测仪和20个STS－2组成的遍及全日本的地震监测网络系统不间断、实时地接收地震信息，并通过P波波形和到达时间来自动、迅速地确定地震程度和具体位置，而且还能及时将数据传送到电脑中心进行分析，并把分析结果呈现在电视这一公众媒体上，通知电视受众海啸预警，要做出及时有效的预防或避灾，同时实时预报海啸波高等最新灾情。日本各地的地方政府也有汽笛警报等预警系统，以便在灾害发生时，能及时地通知受灾地区的民众。日本气象厅研制的这种新的海啸预报技术的理论依据是由新的海啸数值模式模拟计算出的各种结果所组成的数据库。通过这些覆盖整个日本的精确模拟的海啸预报，日本政府所有基础单位（如府、县）都可以预报出准确的海啸波高和海啸到达各个地区的时间。对于将遭受海啸灾难的公众来说，这些预报信息是非常重要且有效的。

还可以利用卫星发布信息。比如，用数值模式新方法能够更迅速地发布海啸警报，更准确地预报海啸到达时间和海啸波高。当然，海啸发生后，从海啸警报和海啸警报中心的信息传送到公众期间，所用的时间越短越好。日本气象厅根据实际应用情况，已经发展了基于卫星的紧急信息多目标发布系统，其接收设备则安置在各县（市）的办公室、大众媒体、气象观测站以及其他一些基层的民众聚集地点。通过卫星传输系统，海啸警报和有关地震的信息能够在海啸发生后马上传送到接收设备。信息内容包括：海啸预报开始；地震的震中位置和震级大小；海啸抵达时观测到的情况及其高度；海啸警报结束。

（4）海啸重点防灾区设施完备

日本东京附近的静冈县曾经受到海啸的猛烈袭击，灾害严重。之后该县开始完善海啸防御系统。2004年年末印度洋大海啸之后，虽然日本没有受到灾害的袭击，但是，静冈县防灾工作人员一直都忙碌于把他们的海啸预防体系介绍给日本其他地区以及其他受灾国。

我们以静冈县预防海啸的重点地区沼津为例介绍这一海啸防御体系。

沼津在1959年建造了一个巨大的防潮堤。防潮堤通常都是梯形的，长50千米，高3.6米，全部都是钢筋混凝土结构，能够抵抗8级地震。地震发生后，它能在3分钟内关闭以抵御海啸的袭击。

沼津的海港分为内港与外港。沼津投资43亿日元，用了9年的时间，在内港与外港之间的航道上兴建了一座高45米、重923吨的巨大水闸。水闸的自动控制系统连接在地震仪上，一旦感应到强烈地震的震感或者监测到水位超过警戒线，会立即发出紧急警告，警戒水平分为3个等级，分别为地震警

日本沼津水闸

戒、海啸警戒、演习警戒。水闸下降的速度各有不同，一级警报发出2分钟后开始关闭闸门，再过3分钟就迅速落下，及时阻挡海啸的袭击。2004年由于台风频繁登陆，达到二级警报水平，造成水闸落下3次。

（5）未来的计划

印度洋海啸使日本受到极大震动，虽然没有波及日本，但日本还是给予了极大的关注，及时提高警惕，并迅速收集大量数据进行测算，结果惊人：预报显示，将来在东海到日本的四国之间的太平洋海域，也有发生类似于印度洋大海啸灾难的可能。研究结果同时也暴露出许多漏洞，日本全国共

日本海啸

建有15 118千米的防潮堤，其中只有一半的防潮堤能抵挡住预计的大海啸，17％的防潮堤低于预想的海潮高度，还有30％的防潮堤不能确定是否能胜任防潮任务。

日本政府在2005年初就提出了2011年前的计划。为应对海啸灾害，制定计划在2011年前建立导弹、海啸自动预警系统。具体措施：要建立更先进的预警系统，以便应付弹道导弹等武力攻击事件和地震、海啸等灾害。日本计划在2011年前，全面实现地面波数字电视广播，覆盖日本各家各户的数字电视接收机以及带有电视接收功能的手机也可以直接接收危机警报信号，并且能够强行启动或中断正在收看的电视节目，改为播报危机警报。只要电视接收机没有切断电源，也就是电视机处于待机状态时，就能使电视机自动开启播发危

传发突发危机警报

机警报。

这种手段能够快速、准确、直接地向公众传播突发性危机警报。

3.美国地震海啸预警系统

除日本以外，美国也是世界上遭受海啸威胁非常严重的国家。在太平洋沿岸美国北部的阿拉斯加州和西海岸的华盛顿州、俄勒冈州和加利福尼亚州都属于海啸威胁区。1964年，阿拉斯加州发生8.4级地震并引发海啸，死亡人数达150人，其中有122人死于海啸。这次灾难过后，美国立即建立了海啸预警机构。

（1）美国海啸预警系统

美国海啸预警系统下属两大海啸预警中心，即太平洋海啸预警中心和阿拉斯加海啸预警中心，布置了如下探测设备：太空中的海洋观测卫星，在大海底层、岛屿上以及岸边也建有地震波探测站，大海中的潮汐监测站等，从而形成一张从太空到海底的完备监测网。

海啸预警计划：为了更加全面地保护美国海岸安全，美国从2005年初开始扩建原有的太平洋海啸预警系统。美国在东海岸大西洋上也建立了预警机制。

美国投资4000万美元，于2007年将太平洋原有的6个深海探测浮标增加到31个，并首次在大西洋和加勒比海上设下7个浮标。浮标与海底压力记录仪相连接，将接收的数据通过

美国海啸预警系统

卫星传送到预警中心。另外，美国正与有关国家磋商，计划在印度洋及其他地区建立预警机制。

（2）太平洋海啸预警系统

由于80％的大海啸都发生在环太平洋区域，所以太平洋地区的各个国家非常重视海啸的研究及防范工作。最早的海啸警报中心成立于1948年的夏威夷，1964年，美国人又在檀香山设立太平洋海啸警报中心（PTWC）。后来，又根据联合国教育、科学和文华组织（UNESCO）政府间海洋学委员会（IOC）的敦促提倡，在1966年建立了太平洋海啸预警系统，并成立太平洋海啸预警系统国际协调小组（ICG/

ITSU）。这个国际协调小组每两年召开一次会议，评价海啸预警系统的进展情况、协调各个国家之间的活动、改善相关的服务。该协调小组由以下国家组成：日本、美国、加拿大、墨西哥、智利、法国、哥伦比亚、中国（1983年加入）、韩国、朝鲜、澳大利亚、印度尼西亚等28个国家。太平洋海啸预警中心设在美国的夏威夷，并由美国国家海洋大气管理局主管。该中心组成系统很复杂，包括太平洋地区的24个地震监测站、52个警报发布点和通信联络、国家与地区海啸警报系统、卫星、电缆和53个验潮站。该中心的主要任务是传播较大地震发生的地震要素和震区附近发生海啸实况的信息。

4.中国地震海啸预警系统

（1）中国沿海海啸预警系统

目前，我国的海啸预警机制已经初步建立。具备了海啸预警能力。尽管如此，人们仍需不断地加强能力建设和有关部门之间合作协调机制。我国的海啸主要发生在台湾海域、渤海和南海。从2004年起，海啸、风暴

中国海啸预警系统

潮等灾害也已被列入国家灾害应急机制。

我国是一个风暴潮灾害多发之国，与地震海啸相比，风暴潮发生的频率和危害程度要高得多、严重得多。由于这两类预报业务类似，所以，现在我国已合并了这两类预报业务，由国家海洋环境预报中心承担。为此，我国沿海设立了286个验潮站，其中，承担风暴潮的预报任务的就有100多个站。我国的海啸警报网是由国家地震局、国家海洋局及各验潮站共同组成的。

（2）加强对海啸的研究

20世纪90年代后期，我国国家海洋局组织开发太平洋海啸传播时间数值预报模式、太平洋海啸资料数据库和本地越洋海啸数值预报模式。这一模式曾在福建惠安、浙江秦山、广东大亚湾等五个核电站的环境评价中，得到应用。同时，在印度洋大海啸以后，还组织专家对其进行数值模拟。

（3）中国海洋灾害应急预案启动标准出台

《赤潮灾害应急预案》和《风暴潮、海啸、海冰灾害应急预案》由国家海洋局编制完成，通过国务院审议以后，已被确定为《国家突发公共事件总体应急预案》的部门预案之一。2005年11月15日，国家海洋局正式印发并实施了这两个预案。

预案明确了灾害调查评估、监测预警系统能力建设、

总体应急预案

保障措施、灾害预警启动标准、海洋灾害应急的目的、组织体系和职责等，不仅重点突出了海冰、赤潮、海啸和风暴潮灾害的监测、预警，还详尽规定了灾害的分级处置标准及程序，建立了预警响应与应急响应的具体措施和流程，对于有关工作单位的职责和责任人等也都有明确的划分，可操作性很强。

（4）海啸预警级别

海啸预警有Ⅰ、Ⅱ、Ⅲ、Ⅳ四级警报级别，它们代表着轻重缓急的意义。

海啸Ⅰ级警报是将会出现特别严重海啸的海啸预警，红色是其代表色。受海啸影响，预计沿岸验潮站有3米（正常潮位以上，下同）以上的海啸波高出现，而且会严重损毁300千米以上岸段，能够危及人类的生命、财产安全，发布Ⅰ级海啸警报。

海啸Ⅱ级警报是将会出现严重海啸的海啸预警，橙色是其代表色。受海啸影响，预计沿岸验潮站有2～3米的海啸波高出现，严重损毁局部岸段，危及人类的生命、财产安全，发布Ⅱ级海啸警报。

海啸Ⅲ级警报是将会出现较严重海啸的海啸预警，黄色是其代表色。受海啸影响，预计沿岸验潮站有1～2米的海啸波高出现，而且在受灾地区，会有房屋、船只等受损的情况发生，发布Ⅲ级海啸警报。

海啸Ⅳ级警报是将会出现一般海啸的海啸预警，蓝色是其代表色。受海啸影响，预计沿岸验潮站有1米以下的海啸波高出现，而且会对受灾地区造成轻微损毁，发布Ⅳ级海啸警报。

三、海啸防灾减灾工作

1.海啸防灾减灾的好建议

印度洋大海啸引起了国际上的普遍关注，同时，各国对防灾减灾方面的工作也进行了反省。我国的专家、媒体、人民团体及政府官员对于海啸的防灾减灾工作，提出了以下几方面的建议。

（1）大力普及防灾减灾科学知识，增强全社会防灾减灾的意识

各级宣传部门要把防灾减灾宣传真正纳入年度宣传工作计划，并组织拍制科学教育片，在各级电视台播放。同时，教育部门要把防灾减灾知识组织起来，并编制成课本，列入中小学的教学计划中，使学生对其有一定的了解并能掌握一定的防灾减灾措施。如此一来，通过这些积极、广泛、科学、有效的宣传，提高全民的防灾减灾知识水平。

（2）把防灾减灾工作纳入社会发展和国民经济的规划中

在国务院制定国家“十三五”规划时，建议把防灾减灾工作安排到适当的位置，使防灾减灾科学技术现代化进程能够加速推进，让防灾减灾的科学技术能力得以提升。在将气象、地震、海洋地质灾害的综合防御工作继续加强的同时，也要把沿海地区的地震海啸预警系统尽快地建立起来。

（3）加强防灾减灾的基础研究

自然灾害的预测预报不但涉及了观测和实际条件，也涉及了灾害的成因与有关前兆的机理，在当代自然科学领域里，它是难度很大的前沿课题。它的发展历史比其他科学领域短暂，还有综合性强、难度大、要经过长时间的探索等特点。所以，国家应加大对这方面科研工作的支持力度。

（4）进一步健全防灾减灾的法律法规体系的建设并强化监督检查

由于防灾减灾涉及了社会经济生活的多个领域，所以要在各级政府领导下，把广大社会公众和全社会各方面的力量动员、组织起来，进行协调一致的努力，将灾害降至最低。它的实现需要健全的法律法规为基础。

我国作为国际太平洋海啸警报系统成员单位，要加强国际间海啸预警预报的合作，加强与发达国家开展预警预报的技术合作研究。

2.普及防灾减灾科学知识要从娃娃抓起

重大灾难的一次次侵袭，给人类的生命、财产带来了重大的损失，家破人亡，流离失所，生命越发显得脆弱。大力普及防灾减灾科学知识，增强全社会防灾减灾的意识，这并不是一个口号，而是要付诸于行动。

华中师范大学博士生导师周洪宇呼吁：我国应着手进行全民族生存教育的立法调研，从法律层面唤起加强全民族生存教育的意识。此外，他还指出，生存教育是指发生灾难时，人们能够根据事故现场的环境作出准确的判断，然后，镇定地运用自救逃生的基本知识和技能，把风险规避掉，脱离现场，使生命得以保全，它与一般意义上的安全教育并不是一致的。

对于这方面的知识，最佳的教育时期就是从小时候开始，只有这样才能更好地提高民众在这方面的素质，当灾难

发生时，我们也能很好地应对。让我们来看看10岁的“海滩天使”是怎样运用她学到的知识救了几百人的生命。

10岁的英国女孩缇丽和父母在泰国的普吉岛海滩度假时，遭遇了印度洋特大海啸的袭击。在海啸来临前的几分钟，缇丽看见很多泡泡出现在海滩上，然后，浪突然就打过来了，这是地震引发海啸的最初情形，地理老师曾经在课堂上描述过。看见这样的情形，缇丽一脸惊恐，她想起地理老师曾这样说过，从海水渐渐上涨到海啸袭来，只有短短的10分钟左右的时间，于是，她急急忙忙地跑到妈妈面前，“妈妈，我们现在必须离开沙滩，我想海啸即将来临!”然后，她们通知了海滩上的所有游客，但是，刚开始的时候，小女孩的预见并不能让在场的成年人完全信服，由于缇丽的坚持，在几分钟后，全部的游客都撤离了沙滩。在这几百名游客到达安全地带后，他们就听见巨大的海浪声从身后传来——“噢，上帝，海啸，海啸真的来了!”在海啸发生的当天，普吉岛海岸线上唯一没有人员死伤的就是这个海滩。缇丽运用学到的知识和她的坚持，使几百人的性命得以挽救，在激动和惊恐中哭泣的人们，争相拥抱和亲吻他们的救命恩人。

10岁的英国女童之所以能挽救那么多人的生命，不仅仅因为她有丰富的知识为基础，看到海水泛起“很多的泡泡”，随即告诉妈妈……那么简单。试想一下，如果预感到海啸即将来临的小缇丽只会吓得大哭不止，那么，在这场海啸灾难中，还有谁能够救她自己和别人？所以，在面对灾难时，能够镇定自若，科学应对，这正是缇丽与其他依赖性过强的孩子不同之处，也是她勇敢的表现。

世人在为10岁的“海滩天使”骄傲的同时，也应开始反思：在灾难预防及临危不乱的教育上，我们的孩子被教到位、学到位了吗？为什么外国的成年人能够把小孩子的话听进去，而我国的爸爸妈妈就只会说“小孩子别乱说”这样的口头禅？这是10岁小女孩能够成为“海滩天使”的原因，也是我国学校教育和家庭教育不足之处，应引起社会各界的深思。

3.加强学校安全教育

相关信息显示，学校对安全教育的重视程度越来越高，很多学校都专门开设了安全课，邀请交警或其他相关部门的专业人员来给孩子上课。但是，我国现在的安全教育存在着一个通病——没有广阔而新颖的模式，大多只是诸如让孩子出门时不要忘了关煤气、不要忘了带钥匙、不要和陌生人说话等老生常谈的话题。

开展生存教育的学校很少，即使有，其内容也往往只限于防水、防火、防蛇咬等，很不全面，而对地震、雪崩、海啸、龙卷风、泥石流等自然灾难，要进行怎样的生存自救却没有足够的重视。孩子们对于地震、海啸等自然灾害知识不仅不了解，而且对山川、荒野、极地、大海的了解也几乎没有。

加强学校安全教育

与中国国情不同，在一些发达国家，孩子人生教育的重要内容是自我保护以及如何保护他人的知识。对于灾难的预防和应对知识，学校不仅设有专门的课程，而且还以多种形式对学生加以强化训练，这些知识已经被设定成孩子们的必修内容。比如，在地震多发国之一的日本，为了让孩子在地震中能够保护好自己，在幼儿园时，学校就开设了相关课程，给孩子灌输预防和应对灾难的知识。

第三章

海啸自救和互救

一、海啸来临时的自救

海啸虽然只是一种海浪，但它却具有强大的破坏力。这种波浪运动会引发汹涌澎湃的狂涛骇浪，它能够卷起可达数十米波高的海涛。当这种含有极大能量的“水墙”冲上陆地后，常常对民众的生命和财产造成严重的损害。

了解海啸征兆和自救常识，并不只是为了扩充知识面，而是在关键时刻挽救生命。如果遭遇海啸应该如何自救呢？

收到海啸警报后，在港湾的船舶不要继续停在港口，应该立即向深海区域驶去，航行的海上船只也不要回港或靠岸，要立即驶向深海区。

海啸来临时的自救

假如来不及开出海港，那么，停泊在海港里的船只中的人也要马上撤离到安全的高地。

海啸登陆时，海水常常会有明显降低或升高的现象，倘使你看到海面有异常快速的后退现象，要立刻撤离到内陆地势较高的地方。

假如你已经来不及转移，可以暂时躲避到修建于海岸线附近的一些坚固的高层建筑的上部。但是，千万不要躲进海边低矮的房屋里面，它们在海啸面前，往往不堪一击。

在海啸来临时，倘若你不幸落入水中，千万不要惊慌失措，应该在脑中迅速回想一遍关于海啸的相关知识，然后，镇定地观察周围是否有木板等漂浮物，如果有，要尽可能地

海啸逃生

躲避到坚固物体的高处

抓住一扇门获得自己

将其抓住，避免碰撞到其他硬物。

尽量让身体漂浮在水面上，不要举手，不要胡乱挣扎，除非游泳能使你回到岸上，否则要尽量保存体力。

如果你感到口渴，千万不要喝海水，那样只会越喝越渴。

如果海水的温度偏低，千万不要把衣服脱掉。

如果你附近还有其他落水者，要尽可能与其靠在一起，积极地互相鼓励、互相帮助，尽力让救援者易于发现你们的踪迹。

1.自救互救要领

由于海啸必经海岸、沙滩，所以在海啸来临时，要远远逃离这些地方，同时，也要尽量避开河流、谷底、山涧，如果当时你正在其附近，也要尽力躲避到两侧的山丘、斜坡上。

在收到海啸警报后，不要接近狭窄的巷子及有密集建筑物的地方。最好的躲避位置是高地，倘若你来不及撤离到高处，可以暂避到坚固的高大建筑物上。

如果海啸来临时，你正处在船舶甲板上来不及撤离，为避免被甩进海中，应紧紧抓住船上牢固的物体。

在躲避了个2个小时后，如果海啸警报仍然没有解除，那你最好还是呆在原地躲避，因为避开海啸的时间应在2个小时以上。

2.如何抢救落水者

将落水者救起后，应该让他尽快恢复体温，如为他披上大衣、毛毯或被子等保暖物，或直接让他进入温水里面浸泡，不要对其进行局部按摩或加温。

不要让落水者饮酒，可以适当地给他喝一些糖水。

倘若落水者受了伤，应该立即对其采取急救措施，如止血、包扎、固定等；倘若落水者受伤比较严重，那么应当及时将其送到医院进行紧急抢救。

抢救落水者

为避免溺水者窒息，对其口腔、鼻腔和腹内的吸入物，要及时进行清除。具体做法是把溺水者的肚子置于施救者的大腿上，然后，施救者按压溺水者的后背，让其吐出海水等吸入物。

倘若溺水者被救上来后，已经停止了心跳、呼吸，应该立即交替对其进行心脏挤压和口对口人工呼吸。

二、自救案例

1.对海水深度敏感的土著民族

2004年12月26日，发生的印度洋特大海啸引起了社会各界的广泛关注，其中，很多媒介都以《海啸逃生奇闻——英国女孩智救百条人命》为题，对这场海啸中一些相关的自救互救案例作了相关的报道。这个例子我们在前面就已经提到过，除此以外，还有一则奇特的报道。在海啸发生后，世人曾一度对生活在印度偏远岛屿安达曼—尼科巴群岛的原始部落极为担心，认为他们很可能已经“从地球上消失”。然而，随着美国联合通讯社对这个原始部落进行报道后，人们才知道，其实不用担心这个有着约7万年历史的“史前部落”，因为早在那场灭顶之灾来临之前，他们就已经举家逃离了海滩。

从报道中我们得知，在安达曼—尼科巴群岛上生活的原始部落的居民，其总人数仅有400～1000人。根据人类学家对其进行的研究发现，7万年以前，这里就有他们的祖先生活的痕迹了。

印度环境专家罗伊说：“这些土著们不仅能够嗅出海风的味道，而且可以凭借划桨的声音测量海水的深度。一句话，他们拥有现代人所不具有的‘第六感’。”据人类学家和印度政府官员分析，这些土著居民世代相传的“逃生秘笈”是他们赖以求生的法

人类的第六感

宝，其中，包含了诸多古老的知识，如海潮、风向以及鸟类动向等。

这些原始部落一直以来都保持着与外界隔绝的生活状态，他们对任何私闯进来的不速之客“深恶痛绝”。有一件让人啼笑皆非的事发生在海啸之后，一名驾着救援直升机的印度海岸警卫队的指挥官惊喜地发现岛上有幸存的土著居民时，迎接他的竟然是部落里的一名裸体男子朝着直升机射出的一支冷箭。

一名男子朝着直升机射出一支冷箭

2.不要放弃生的希望

2004年12月26日，当地时间为上午9时30分左右，属于辽宁省大连海洋渔业集团公司的大型远洋鱼品冷藏船“海丰2023”轮，在马尔代夫库都港停靠，突然，海面上浮现出了大量的带鱼和鳝鱼，开始船员还抱着“看热闹”的心态观看。但是，海水在极短的时间内如烧开水似的喷涌起来，其水位的起伏也极其变幻莫测，在2～3分钟的时间里，就有高达1.5米以上的水位差，在水位上涨的时候，海上的船只以及整个海岸都遭受到了喷泉似的海水冲击。上下颠簸的“海丰2023”轮开始随着波浪起伏。在这个时候，船只根本不能出港，而且，船舶因为强大反差的海水，已经没有办法操纵

海啸中女子自救：靠吃野果坚持45天

了。拴牢所有的缆绳是现在唯一可以挽救船只的办法，在夏重族船长的指挥下，全船人员都加入了缆绳的加固工作中。如果缆绳断了，就把它重新接上，如此反复，13根缆绳中，其中有6根断了8次。发着“脾气”的大海，直到了中午时分，才渐渐平静下来。轮船在全船人员团结奋战的努力下，终于得以保全，摆脱了可怕的险境。

假如该船提前收到海啸预警信号，那么船员就能将其安全地驶离港口，不会遇到那样的险境；但在没有得到海啸预警信号的条件时，要靠着自己的力量，全力抗击突如其来的灾害，才能保住宝贵的生命和财产。